EV×

EV×グリッド革命

「EV×グリッド革命」編集委員会 編著

GRID

日本電気協会新聞部

はじめに

　世界は今、脱炭素社会の実現に向けた大きな変革の途上にある。2050年に世界でカーボンニュートラルを達成し、産業革命以来の気温上昇を1.5℃に抑える目標を実現しようとすれば、石炭・石油・天然ガス等の化石燃料を全て、再生可能エネルギー（再エネ）や原子力のようなカーボンフリーエネルギーに代替しなければならない。我が国のエネルギーフローを見ると、石炭と天然ガスは過半が発電に利用されているので、発電セクターで太陽光発電、風力発電や原子力発電を増やせば減らすことができる一方、石油は過半が自動車など運輸部門の燃料として使用されているので、この部門の電化あるいは水素への切り替えが鍵となる。

　一方で持続可能な発展の観点からは、自動車は世界の全ての人々に対して生活や労働に必要なモビリティサービスを提供するために不可欠なツールである。カーシェアリングやライドシェアリングなど、シェアリングエコノミーの進展で総台数が減ることはあっても、高齢社会の進展、テレワークの普及による分散型国土形成、地方活性化等に伴い、少人数が自由に移動できる乗用車、また、e-commerce（電子商取引）の普及により、配送に使われる小型貨物自動車は、これからますます重要になるだろう。

　さて、自動車のガソリンエンジンやディーゼルエンジンが電気モーターに変わることは、単に駆動装置が変わる以上の意味を持つ。乗り心地や加速の良さとともに、次の大きな2つの変化を都市や社会にもたらすと考えている。

　一つは自動車から大きな騒音と排気ガスが無くなることである。騒音や排気ガスのためにできなかったことがEVでは可能になる。例えば、地下駐車場での大量の換気が不要になったり、都市の景観を損ねている道路の防音壁が不要になったりするかもしれない。さらに、日本の大都市において自家用車は、使用時間が短いにもかかわらず、駐車場として貴重な都市空間を占有している点が問題であったが、排気ガスの無い自動車は建物とより接近することを可能にし、自動車を建物の一部として使うことで空間の有効利用を図

ることも可能になると考えている。

　もう一つはエネルギーの供給方法の変化とそれによるエネルギーシステムへの影響である。ガソリン自動車では定期的にガソリンスタンドに出向いて給油することが一般的だが、EV は急速充電でも 30 分以上かかるため、わざわざ充電のために特定の場所に行くということが難しくなる。電気は配電網により街中どこにでも通っているので、自宅でも出先でも、日常生活において車で立ち寄る全ての場所が充電場所となる可能性がある。すなわち、いつ、どこで、どのように充電するかの選択肢が多様である。一方で、電力システムと EV の関係において以下のようなメリットとデメリットが生じ得る。

■ EV の充電に要する電力消費は、普通充電で数 kW、急速充電で数十 kW と市街地にある電力消費機器の中でも大きい。特に住宅地では、一般的な世帯の電力消費ピークはおよそ 1kW であることから、EV が全ての世帯に普及すると、これまでの数倍の電力を要求することとなり、配電設備を増強する必要が生じる。

■ 主に住宅地では、屋根置き太陽光発電が普及すると、平日昼間の発電量が需要を上回り逆潮流が起きることで配電線の電圧管理が困難になる。この時間帯に EV の充電を行うことで、問題を緩和できる。

■ 電力系統全体では、太陽光発電の割合が高くなる将来、社用車の帰社や自家用車の帰宅が集中する夕方に充電が集中すると、日没による太陽電池の出力低下と住宅の電力需要増加が同時に起こることによる大型火力発電所への負荷の急上昇（いわゆるダックカーブ現象）をさらに悪化させることになり、電力系統の運用が困難になる。従って充電時間を他の時間帯にシフトする必要がある。

■ 電力系統のピークカットや停電時の業務・生活の継続のために蓄電池は有効であるが、一般の家庭やビルが高価な蓄電池を持つことは、太陽光発電の自家使用増大による経済性向上や停電時のバックアップとしての価値だけでは賄い切れないことが多い。しかし、EV を蓄電池として使用すれば、EV 購入費用以外の追加負担を小さくしてこれらのサービスを得ることができる。

以上の各点こそ、本書が対象とする内容であり、EV 所有者と電力システム関係者の両者が連携することで大きな価値を生み出す、すなわち大きなビジネスチャンスになり得るポイントだ。デジタル技術を援用して両者が WIN-WIN となるサービスを希求していくことは、これからの電力システム業界、EV 業界の発展に大きく寄与するだろう。

　そうした考え方やビジョンをより深く読み取ってもらえるよう、本書では次のような構成をとった。第 1 章では、EV ×グリッド革命の意味づけとその車両革新、エネルギー革新としての実像、政策・制度づくりの現状を解説した上で、実際のビジネスプレーヤーが EV ×グリッド革命をどう捉えているかについて述べる。

　第 2 章では、ここ 10 年の EV 自体の進化とその動力供給源である充電インフラについて、世界と日本の動向を解説する。特に欧州で実現している EV と充電に関わるデータの共有化、充電メリットの最大化について日本の現状と比較しながら考察する。加えて、今後の EV 普及に向けた重要な要素であるワイヤレス（無線）給電と自動運転、バッテリーを巡る問題、さらには、自動車が今後どのようなコンセプトを持つどのような存在になっていくのかも描く。

　第 3 章では、送配電ネットワークにおける分散型エネルギーリソース（DER）としての EV について詳しく解説する。EV 充電器が接続される配電ネットワークにとって EV は、電圧安定や再エネ電力の吸収に大きな影響を与えるものだ。そうした影響の内容と、EV と再エネの関係について送配電事業者の視点も含めて解説するとともに、政府による EV 関連施策の検討状況、EV 活用を含む国レベルの DER 活用実証について紹介する。

　第 4 章では、都市インフラとしての EV と電力グリッドの融合を取り上げる。EV と電力グリッドの融合・協働にはデータによる結合が不可欠だが、それらのデータが地域・コミュニティと結びついてうまく活用されれば、人々の利便性を大きく高め、人口減少が進む地域・コミュニティ機能の強化に貢献できる可能性がある。海外の事例、あるいは国内で企業と地方自治体が連携して行った自動運転等の実証事例を取り上げ、その成果と課題に言及する。

第5章では、EV ×グリッド革命が実現するレジリエンス（強靭性）を取り上げる。大きな蓄電能力を持つ EV は災害時の活躍が期待され、自立したグリッドや分散型グリッドの要素として大変重要なものである。ここでは電力レジリエンスの歩みと次世代化、DER 活用について解説するとともに、多くの企業が参画しているスマートレジリエンスネットワーク（SNR）の活動を紹介する。

第6章では、本書の内容が示す未来についてあらためて総覧し、EV ×グリッド革命が社会をどのように変え、モビリティ＆エネルギーの課題をどう解決するかを示唆している。

本書が地球温暖化対策の進展、EV を中心としたビジネス発展の一助となれば幸いである。

大阪大学大学院工学研究科 教授　下田吉之

はじめに ……… 002
目次 ……… 006

第1章
「EV×グリッド革命」とは?

1−1 ｜ EV×グリッドが拓く"革命"の時代 ……… 012
1−2 ｜ なぜ今、「EV×グリッド革命」なのか ── 政策・制度の視点から ……… 017
コラム ｜ エネルギー企業から見たEVの価値 ── スタートアップへの出資、協業 ……… 024

第2章
進化するEV、充電インフラ

2−1 ｜ EVの進化と様々な発展類型 ……… 028
2−2 ｜ 世界の充電インフラとビジネス、データの展開 ……… 034
2−3 ｜ 充電インフラの未来形 ── ワイヤレス給電と自動運転 ……… 041
2−4 ｜ eモビリティ、充電サービスの可能性 ……… 050
コラム ｜ 電脳モビリティX:モビリティ革命が拓く未来社会 ……… 057

第3章
グリッドにおけるEVの価値

3−1 ｜ グリッドにとってEVとは何か ── DERとしてのEV ……… 062

3−2 ｜ 電力システムの脱炭素とEV ── 求められるWIN-WIN革命 ……… 070
3−3 ｜ グリッドの課題とEVの活用可能性 ……… 079
3−4 ｜ NEDO FLEX DERから見る次世代配電網とDER ……… 083
コラム ｜ EVグリッドワーキンググループに参加して ……… 088

第4章
EV×グリッドが変える都市インフラ

4−1 ｜ EV×グリッド×データがつなぐ都市・地域・コミュニティの変革 ……… 094
4−2 ｜ ドライバー目線でのEVと充電器 ……… 101
4−3 ｜ 都市の利便性を高めるEV活用事例 ……… 106
4−4 ｜ 「ニッサンエナジーシェア」
　　　　──EVを活用したエネルギーマネジメントサービス ……… 111

第5章
EV×グリッドが実現する電力レジリエンス

5−1 ｜ 電力レジリエンスを変える分散型システム ……… 118
5−2 ｜ レジリエンス強化に向けたSRNの取り組み ……… 123
5−3 ｜ 「ブルー・スイッチ」が強化するレジリエンス ……… 131
コラム ｜ 電動車のレジリエンス活用 ── 2019年の経験から ……… 137

第6章
より良い未来のために

6−1 ｜ 「EV×グリッド革命」が実現する未来 ……… 142

基礎用語

カーボンニュートラル、脱炭素

カーボンニュートラル ……… 148

脱炭素先行地域 ……… 148

GX（グリーントランスフォーメーション） ……… 148

電力システム改革

電力システム改革 ……… 149

一般送配電事業者 ……… 150

レベニューキャップ制度 ……… 151

再生可能エネルギー（再エネ）

FIT（固定価格買取制度）・FIP（フィード・イン・プレミアム） ……… 151

再エネ出力抑制・制御 ……… 152

再エネバランシング ……… 152

電力需給

W（ワット）、Wh（ワット時、ワットアワー） ……… 153

同時同量、計画値同時同量制度 ……… 153

分散型エネルギーリソース（DER） ……… 154

DR（デマンドレスポンス）、上げDR・下げDR ……… 154

DR ready（DR レディー） ……… 155

VPP（仮想発電所） ……… 155

アグリゲーター（特定卸供給事業者） ……… 156

ピークカット、ピークシフト ……… 156

需給調整市場 ……… 156

慣性と同期化力 ……… 157

本書の読み方・用語について（編著者から）

　本書の制作に当たってはEVや電力グリッドの専門家でなくても読み通せるように心がけた。全体を通して何度も登場する専門的な用語、ぜひ知ってほしい用語は「基礎用語」（➡が目印）として巻末にまとめた。また、この分野を理解するための一般的な資料を、多少専門的なものまで含めて「参考文献」「出所」等で紹介しているので、必要に応じて参照することをお勧めしたい。

※　「EV」について

　エンジンを持たず、車載バッテリーの電気だけで走るクルマは、一般的に電気自動車（EV = Electric Vehicle）と呼ばれる。近年、自動車関連業界を中心にそれをBEV（Battery Electric Vehicle）と呼び、電動化されたクルマ全般をEVと表記することもある。その場合、ハイブリッド車（HEV = Hybrid Electric Vehicle）、プラグインハイブリッド車（PHEV = Plug-in Hybrid Electric Vehicle）、燃料電池車（FCEV = Fuel Cell Electric Vehicle）はEVの一種と位置付けられる。また、欧米では外部給電できるEVをPEV（Plug-in Electric Vehicle）と定義し、それはBEVとPHEVに区分されている。

　本書は、DERの一つである車載バッテリーのグリッドにおける活用可能性や、エネルギー・脱炭素に関連したビジネスの可能性をテーマとしている。「バッテリーを搭載したクルマ」ということを共通点にEV・BEVの表記についてはあえて統一せず、各項の筆者の意向を尊重している。

※　「グリッド」について

　グリッド（grid）は直訳すると「格子状のもの」。電力分野では送配電網のことを指す。送配電の設備にとどまらず、電力の需要と供給を一致させるための運用・管理、さらには電気事業の基盤であるネットワークとしての機能・役割までを含む、広い意味を持つ概念だ。本書には「系統」「ネットワーク」という表現も登場するが、グリッドと同義か、概念の一部を指すものとして使われている。これらの言葉の使い分けについては、各項の筆者の意向を尊重している。

　なお、この他に「電力システム」も目にするが、こちらは電気事業の法制度や市場等の仕組みに主眼を置いていることが多い（例：電力システム改革）。

第 **1** 章

「EV×グリッド革命」とは？

1-1 EV×グリッドが拓く "革命"の時代

大阪大学大学院工学研究科環境エネルギー工学専攻 招聘研究員

太田 豊

▌カーボンニュートラルの理想

EV は、電力グリッドから充電インフラを介して走行に使う電気エネルギーを補給することで、化石燃料由来のガソリン利用をゼロにできる。EV に充電される電気エネルギーのクリーンさは？　というと、火力・水力・原子力の従来型発電に加えて、太陽光・風力など再生可能エネルギー（再エネ）による発電のシェアが着実に増えている。自動車分野での EV 普及と電力グリッド分野での再エネ普及を同時に進めることは、**カーボンニュートラル** [➡ p148] の実現に向けて需給両面で相性の良いペアであることが分かる。

▌EV転換への歩み

長距離走行が可能で、しかも給油時の待ち時間が少ないガソリン車を EV に転換するには、基礎充電と経路充電の双方を拡充することが不可欠である。すなわち、戸建て・マンションを問わず自動車の保管スペースで安価にゆっくりと充電できること、長距離走行時には利便性高く（より多くの箇所でより急速に）充電できることだ。さらに、補給する電気エネルギーをできる限り再エネ由来とし、EV 製造の際に多大なエネルギーを消費するといわれるバッテリー工場も再エネ駆動としたい。これらは自動車分野だけでは達成できず、EV ×グリッドが鍵となる。諸外国では Vehicle Grid Integration（VGI）という協調領域が形成されている。

▌EV×グリッド革命の所以

EV ×グリッド革命は自動車と電力の業界の密な協力が不可欠で、両業界

が強い日本ではその歩み寄りはより難しい課題となる。では、EV×グリッド革命は何を拓くであろうか？　回答はシンプルだ。自動車分野ではゼロカーボンドライブで環境負荷を気にしない自由なモビリティが実現でき、加えて、EVを介して住宅・建物のエネルギーマネジメントや地域の再エネ有効活用への接点が得られる。一方、電力分野では電灯・家電・動力の電化からモビリティの電動化までワンストップでカバーするエネルギーサービスが展開できるようになる。このように自動車・電力がお互いの業界へリーチを広げる動機は十分だ。EV転換と再エネ転換を契機にくらしと移動の電化・電動化を併せて進めることで、モビリティとエネルギーの利便性・効率性・環境性に優れたゼロカーボンハウス・ビル・街区・都市を形成することもできよう。

　EVシェアが既に立ち上がっている欧米と中国、今後急速にEV普及が進むアジア、そしてインド、それぞれの地域で多くの自動車を販売する自動車メーカー（OEM）は、EV×グリッド革命を喫緊の課題として体感している。日本国内の制度や技術開発を諸外国に合わせるのか、それとも日本型で行くのかという岐路に立っているといえよう。グローバル企業である自動車業界に対して、ドメスティックな電力会社がどのように相対するのか、が問われるところでもある。

図表1-1-1 EV×グリッド革命がもたらすもの

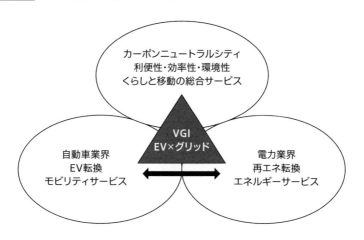

自動車・電力の両産業に強みがある日本発のスマートシティをアジア太平洋地域に展開することや、EV転換・再エネ転換のソリューションで欧米に伍することなど、両業界が一体となった取り組みは重要なミッションとなり得るのではないだろうか。

　以上、EV×グリッド革命がもたらすもののイメージを図表1-1-1にまとめた。

▍共同研究講座の取り組み

　大阪大学モビリティシステム共同研究講座では2020年4月から、EV×グリッド革命のポテンシャルを引き出す観点の研究活動を図表1-1-2のように進めてきた。EV黎明期（現在、日本はこの段階と考えられる）においては、EV転換の心配事の解決や充電インフラの戦略的な拡充が重要だ。自動車・電力分野のデータを活用しながら、EV転換の可能性をEV導入の事前に仮想計算によって診断するコンシェルジュ・ツールが不可欠となる。そこで、EV転換が比較的早く進むことが予想され、EV転換前の既存の自動車利用のデータ取得も比較的容易である業務用車・商用車（トラック）・公共車両（バス）を対象に、GPS（衛星利用測位システム）移動軌跡のデータやエビデンスに基づいてEV転換の可能性を診断したり、EV転換によるインパクトの評価を行ったりした。[1][2][3]

　EV普及期（現在、欧米はこの段階にあると考えられる）においては、その普及状況に応じて過不足なく充電インフラを配置し、必要があれば、電力グリッド増強のアセスメントまでを行うことが求められる。そのためには、EVと電力グリッドが連携したプラットフォームが欠かせない。講座では、EV・充電インフラ・電力グリッドのデータを本格的に連携したプラットフォームのあるべき姿について、先行する諸外国の事例調査を行うとともに日本の様々なステークホルダーとの議論を進めてきた。その構想は第2章で紹介する。

　また、EVの普及が進むと、モビリティとエネルギーの効率性・環境性が高まっていく。そうしたスマートシティとしての効果を街区や地域レベルで分析するための準備段階の研究で、eモビリティ・デジタルツインのフレー

ムワークを提唱してきた。[4)]

　EVが都市・郊外まで浸透する成熟期では、自動運転EVによるモビリティの変革がもたらされるだろう。ただ、大都市・中規模都市・町村部での役割を大胆に想定したり[5)]、自動運転EVによる客貨混載を想定した大学キャンパスでの実証を行ったりしてきたが、現状ではモビリティの変革を想定する方法論の確立までには至っていない。その構想は第3章で紹介する。

　2025年4月からの講座2期目では、（自動運転EVの普及がまだ進んでいない）現状の人流・物流データに対して、自動運転EVの普及によるスマートシティの効率性・環境性の向上効果を示すことができるeモビリティ・デジ

図表1-1-2 大阪大学モビリティシステム共同研究講座の取り組み

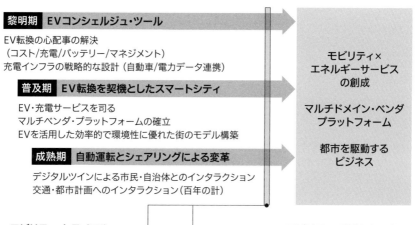

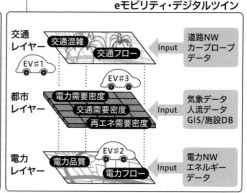

タルツインの計算手法の確立が研究課題となろう。自動運転EVによる人々のモビリティの行動変容をどのように考え（行動経済学の観点）、そして、個々の行動変容が街区や都市域などマクロな単位でどのような様相を示すかを正確に模擬する（計算科学の観点）、といったことが重要となる。

参考文献

1) 上田嘉紀, 太田豊, 岩田章裕, 下田吉之, 事業用車両の電動化ポテンシャルとその影響 —大阪府を対象とするケーススタディ—, エネルギー・資源学会論文誌 ,42 巻 4 号 ,pp.239-248（2021）

2) 岩田章裕, 太田豊, 上田嘉紀, 下田吉之, 志村泰知, 荒木伸太, 宇田川佑介, 商用貨物自動車の EV 化による充電電力需要の特性およびこれに基づく充電インフラのあり方に関する基礎検討, エネルギー・資源学会論文誌 ,44 巻 4 号 ,pp.190-199（2023）

3) 坂井勝哉, 太田豊, 路線バス電動化検討フレームワーク—大阪大学キャンパス間連絡バスを用いた実証実験—, 電気学会産業応用部門誌 ,144 巻 7 号 ,pp.568-576（2024）

4) Y.Ota, S.Yoshizawa, K.Sakai, Y.Ueda, M.Takashima, K.Kagawa, and A.Iwata, e-Mobility and Energy Coupled Simulation for Designing Carbon Neutral Cities and Communities, IATSS Research, Vol.47, Issue.2, pp. 270-276（2023）

5) 太田豊, 大都市から町村まで、スマートシティーの具体像を考える——エネルギー、モビリティー、ツールの観点から, 電気新聞テクノロジー＆トレンド, オンライン公開記事：https://www.denkishimbun.com/sp/122746（2021）

1-2 なぜ今、「EV×グリッド革命」なのか
——政策・制度の視点から

大阪大学大学院工学研究科ビジネスエンジニアリング専攻 招聘教授

西村 陽

■ 近くて遠い関係

　長い間、EVと電力は近くて遠い存在だった。

　EVの普及が始まる以前、自動車業界は電力をガソリンに代わる"燃料"の一つとしか見ていなかった。他方、電力業界においてEVは将来増加するかもしれない需要の一つとされ、電力グリッドにどのような影響を及ぼすかに関心が集まっていた。それがなぜ、2020年代に入って「EV×グリッド革命」、つまりEVと電力グリッドの融合や連携が求められるようになってきたのか。その背景は大きく4つに整理できる（図表1-2-1）。

図表1-2-1 EVとグリッドの融合・連携が求められる背景

❶ エネルギー危機・GX推進下で分散型電力システムは切り札

　電力システム再構築の中で、市場ルール改革・予備力充実・原子力政策立て直しと並んでDERの普及・最大限活用による脱炭素型安定供給システム強化が重要。

❷ 再エネ大量導入に伴うバランシングの必要性

　日本の再エネの中心である太陽光のバランシングには、ユーザー側DER（分散型エネルギーリソース）の発掘・最適化が必須。
EVは普及ポテンシャル・kW/kWhとも最大のDER

❸ 電力グリッドにとってのEVリスク回避・ポテンシャル活用

　送配電投資の回避・レベニューキャップ目標（次世代化）の達成

❹ EV普及に関わる産業政策

　日本の自動車産業、EV周辺ビジネスの競争力強化

出所：電気学会D部門EVパネル（2023年8月22日）資料を一部修正

▌EV×グリッド革命の背景

　1つ目は、2011年の東日本大震災以降に進められた**電力システム改革**［➡ p149］の失敗［第3章–2参照］と**2022年の国際的なエネルギー危機**、そして政府が現在取り組んでいる脱炭素政策**GX**（グリーントランスフォーメーション）［➡ p148］を踏まえ、分散型電力システムを構築する必要性が高まっていることだ。

　電力システム改革は新しいプレーヤーの参入を促し、競争を活発化させることを極端に重視した。その結果、発電事業は利益が生まれにくくなり、2010年代後半から2020年代初頭にかけて発電所が相次いで廃止され、供給予備力が縮小した。2000年代初頭、輪番停電を繰り返し実施せざるを得なかった「カリフォルニア電力危機」の例を出すまでもなく、供給予備力を失った国・地域の電力市場はみじめな状況に陥る。日本では2019〜2022年にかけて、何度も電力不足が懸念されることとなった。加えて、主力電源の燃料に用いる天然ガスの価格高騰が電力小売価格を押し上げ、国民のくらしと経済にダメージを与えた。

　予備力不足を解消する有効な手段は発電設備の増強だが、脱炭素を目指す政策の下で大規模な火力発電所を新設するのは難しい。では、原子力発電はどうか。化石燃料を使わず、脱炭素や電力価格を抑える効果も期待できる。だが、すぐに増やせるものではない。これらをカバーするのが、電力需給を安定させるために需要側で調整を行う**DR**（デマンドレスポンス）［➡ p154］や、蓄電池のような**分散型エネルギーリソース（DER）**［➡ p154］を活用する分散型電力システムだ。大容量の蓄電池を内蔵するEVは有力なDERと位置付けられる。

　2つ目は、出力が不安定な再生可能エネルギー（再エネ）の電気をうまく使うための**再エネバランシング**［➡ p152］に用いるDERとして、EVは極めて重要だということ。再エネで発電した電気が余る時に実施される出力抑制は、既に国内の一部地域では年間100日以上を数える。これが増え続けるようなら、再エネ（特に大型洋上風力や国産バイオマス発電）は投資回収の見通

> ### ※1　2022年の国際的エネルギー危機
>
> 2019年秋に欧州の天然ガス市場が急騰し、さらに2022年2月に始まったロシアのウクライナ侵攻が引き金となり、世界的にガス不足、電力・ガス価格の高騰が起こった。日本はアジア地域のガススポット価格の高騰によって大きな影響を受けた。

しが立たなくなり、電力システム全体の脱炭素化にブレーキがかかってしまう。余った電気を貯めたり、望んだタイミングで放出したりできるDERは、再エネバランシングを行う上で最も重要なツールであり、EVは特に大きな可能性を秘めている。

3つ目は、本書のキーコンセプトでもある電力グリッドにとっての便益だ。電力グリッドは、電圧が高い上流（電源側）の送電ネットワークと、電圧が低い下流（需要側）の配電ネットワークに分けられる。例えば晴天の昼間、配電ネットワークに接続している多数の太陽光発電設備が一斉に発電し、配電ネットワーク内で電気の供給が需要を上回った場合、上流に電気を送り込む必要が出てくる。それには上流と下流をつなぐ配電用変電所などの設備に追加投資を行い、能力を増強しなければならない。送配電ネットワークを所有・運用する**一般送配電事業者**［➡ p150］は、投じたコストを**レベニューキャップ制度**［➡ p151］に則って回収する。この制度はネットワークのデジタル化、次世代化という目標を定めており、EVのようなDERを先進的な形で活用することを要求している。

現在、新エネルギー・産業技術総合開発機構（NEDO）の「FLEX DERプロジェクト」［第3章-4参照］など、EVを活用しながら電力グリッドの投資を最適化する方法が各方面で検討されている。見方を変えれば、そうした準備が整っていない状態でEVが大量に普及し、いつでもどこでも好きなように電気を引き出すことになれば、電力グリッドにとっては電気の品質や信頼度を維持する上で大きな脅威となる。つまり、できるだけ早期にEVと電力グリッドを上手につなぐ仕組みをつくり、実装することが重要だ。

4つ目は、日本の産業政策から見たEVという論点である。自動車産業は

日本の代表的な産業であり、極めて裾野が広い。関連企業数でいえば、国内産業において最大級の影響力を持つだろう。その自動車業界でも、世界的に脱炭素の潮流が強まっている。

乗用車の電動化は1990年代にハイブリッドエンジンから本格的に始まり、2000年代以降に加速した。この間、ハイブリッドエンジンで立ち遅れた欧米の一部自動車メーカー（OEM）のほか、全くの異分野から参入した米テスラ社、中国企業などがEV市場で大きな成長を見せてきた。今後、世界の自動車市場はどのようなスピードで電動化・EV化が進展するのか。あるいは、現在のエンジン技術をそのまま活用できる代替燃料「e-フュエル」のような脱炭素技術が台頭するのか。予測は難しいが、いずれにしてもEVを軸に据えて日本の自動車産業を発展させるためには、EVの普及に欠かせない充電環境を整備するとともに、様々な形でEVユーザーのメリットを拡大していく必要がある。

▌官民で活発化する動き

政策・制度の面からEV×グリッド革命の先鞭をつけたのは、2022年11月に始まった経済産業省・資源エネルギー庁の「次世代の分散型電力システムに関する検討会」だった。EVを分散型電力システムの重要な構成要素と明確に位置付け、普及シナリオや充電インフラの現状・課題を確認。さらに、電力グリッドから見たEVの価値を示すとともに、望ましい充電のあり方とその実現方法などを議論した［第3章参照］。また検討会は、短期的な電力需給のバランスを取るための需給調整市場［➡ p156］において、EVを含むDERをどう扱うのかについても整理した。EVの本格的な普及に備える上で、大きな意義を持つ成果が得られた。

次の段階として、検討会から派生する形で2023年5月に「EVグリッドワーキンググループ（WG）」が発足。2030・2040年の展望、EV本格普及への課題と解決策を検討した［第3章参照］。参加したのはOEM、充電サービス企業、充電器メーカー等計27社、オブザーバー7団体、有識者3人。通常の審議会と違い、チームに分かれての議論と発表が中心だった。様々な立

図表1-2-2 想定されるEV×グリッドの将来像（2030年）

将来像を実現するための価値			2030年の姿
❶ 従来車と同等の利便性	1. モビリティとしての活用機会を損なわない		●集合住宅を含む自宅・職場周辺に『普通充電器』が十分[※1]に普及している ●高機能な基礎充電（通信機能付等[※2]）が整備され、サービスが普及している ●技術的・コスト的に障壁の高い既築集合住宅の機械式駐車場にも充電器導入が進む
	2. 利用形態に合わせた航続距離を確保		●充電ニーズが多い場所において、高出力の急速充電器が普及する ●長距離走行が必要な高速道路を中心に、十分な充電器が設置される ●サービサーによる充電も含めた有用な経路情報が提供される（EVはラストワンマイルやセカンドカーとして、短距離走行を念頭に保有される前提） ●充電器がトラブルなく利用できる
	3. ユーザーの経済的負担が少ない		●EV（蓄電池）の情報開示や適正な評価の仕組みがOEM-中古市場で確立し、蓄電池の使用状況等を反映した価格で売買されている ●EVのイニシャルコスト・維持費の低減等により、EVユーザーにメリットがある状態
❷ EVならではの価値	1. 安価なランニングコスト		余剰再エネやTOUを活用した安価に充電できるEV充電専用の小売メニュー・サービスがさらに普及し、維持費が低下
	2. 日々の手間の削減		●EV所有者の全戸建てに基礎充電が整備されている ●50%以上の集合住宅に基礎充電が整備されている
	3. レジリエンス価値		主に戸建ての一部のEVユーザーがV2Xによりバックアップ電源としてEVを利用可能
	4. 環境への負荷が小さい		再エネ小売電力メニューの普及が進み、ユーザーが選択できるようになる
	5. リユース電池としての利用		劣化評価・制御手法が確立され、EVリユース電池が一定数、定置用蓄電池等として活用され始めている
❸ ユーザーの追加経済価値（電力インフラへの貢献）	1. EV充電・充放電調整による電気料金最適化		●複数の小売電気事業者等により、スマート充電プランが提供され、ユーザーは自分のライフスタイルに合ったプランを選択し、スマートチャージ・V2Xにより[※3]意識せず電気料金の削減ができる ●EVの貢献に合わせ、小売電気事業者等が貢献に対する対価を払う仕組みができている
	2. 電力系統への貢献による追加報酬	(1) 需給バランス調整	●機器点計量制度が導入され、需給調整市場でEVが信頼されるリソースとして一般的に活用される。それにより、ユーザーが、その対価を得ている ●一部の地域で、仕組みが実装され、社用車を中心にEVが混雑緩和に寄与し、将来の設備投資抑制に貢献する
		(2) 供給力の提供	小売電気事業者の外部から調達している供給力のピーク発生の緩和に貢献し、ユーザーがその対価を得ている

※1 常時プラグインを可能にするレベル
※2 通信機能は車両側、充電器側のどちらにつけるかは、両方の可能性がある
※3 ❸-2のすべてでスマートチャージ・V2Xのどちらからもグリッド貢献による追加報酬が得られると想定

出所：経済産業省 EVグリッドワーキンググループとりまとめ（2024年2月29日）資料より作成

場のメンバーが同じテーブルを囲み、EVと電力グリッドの融合に向けて真剣に議論したことは非常に画期的だった。後にEV×グリッド革命の機運を高めたターニングポイントと評価されるのではないだろうか。

WGは2024年2月に報告書をまとめた。近い将来の具体的なイメージとして「2030年の姿」（図表1-2-2）を提示。その実現を目指し、EV活用に関わる民間規格等との連携や、関係業界・現場の声にも留意しながら政策の立案、具体的な取り組みを進めるよう求めている。

今後は民間を中心に、EVと電力グリッドのデータ共有に関するルールや、電力の需給調整力を売買する「フレキシビリティ取引」のためのプロトコル（手順、約束事）等が検討されることになる。検討に際しては、地域やコミュニティの課題、ニーズに対応するEVの使い方、行政の関与といった視点も忘れてはならない［第3章、第4章参照］。

EV普及に不可欠と考えられる急速充電については、経産省が2023年10月に「充電インフラ整備促進に向けた指針」（図表1-2-3）を公表した。急速充電は、目的地への途中で行う経路充電でニーズが高い。ただ、そうした設備は初期投資の負担が重く、現状では国の補助金（CEV補助金）を活用しているケースがほとんどだ。補助金の適用条件でもある指針を周知することが、

図表1-2-3 充電インフラ整備促進に向けた指針

ニーズの高まる公共拠点含むEV充電インフラについて、電圧・能力（急速等）、設置目標、通信規格のあり方について策定。

充電電圧・能力	日本では相当部分（50km走行以下が90%）が基礎充電でカバーできるが、経路充電拠点は大電力化が必要 1口90kW以上・複数口を基本とし、150kW以上の急速充電器も設置
設置目標	2030年までに公共用3万口を含む30万口
通信規格	何らかのオープンプロトコルを公共用充電器補助要件に設定（OCPP準拠が望ましい）

CEV補助金※の今後の方針と連動へ。

※CEV補助金＝クリーンエネルギー自動車導入促進補助金

出所：経済産業省「充電インフラ整備促進に向けた指針」（2023年10月）を基に作成

良質な急速充電インフラの整備を後押しすると期待される。

　指針には、もう一つ注目すべき点がある。できるだけ再エネの電気が余っている時間帯に充電してコストを最適化する「スマートチャージング」［第3章参照］に必要な、充電動作と時間データを結びつけるプロトコルについて、オープンで利用しやすい欧州の通信規格「OCPP」への準拠が望ましいと書き込んだことだ。これは、日本におけるEVと電力グリッドの融合、連携に関するルール作りを先取りしたものといえるだろう。こうしたルールをしっかりと整えることが、EV×グリッド革命の具現化には欠かせない。

エネルギー企業から見たEVの価値
──スタートアップへの出資、協業

関西電力株式会社 イノベーション推進本部 次世代エネルギービジネス推進グループマネジャー
内山真男

3つの観点で注目

　近年、EV の台頭と太陽光発電などの再生可能エネルギー（再エネ）の普及により、エネルギー業界は大きな変革の最中にある。多くのエネルギー企業が様々な面で EV に注目しているが、関西電力は特に、「モビリティの脱炭素化」「蓄電池のリユース」「充電インフラによる電力需要拡大」の３つの観点で EV を捉えている。

　モビリティの脱炭素化については、ガソリン車やディーゼル車などを EV に置き換えていくことにより、CO_2 排出量削減に大きく貢献できると考えている。自家用車は CO_2 排出量が比較的少ない HEV が普及しているので、まずはトラックやバスなどの商用車を中心に EV 化することにより、１台当たりの CO_2 排出量削減効果が大きくなると予想される。また、商用車は自家用車に比べて走行距離も長いことから、より高い効果が期待される。

　EV の普及に伴い、使用済みの蓄電池が増えていくため、それらのリユースやリサイクルが重要な課題となってくる。これらの蓄電池をリユースすることで、新たなビジネスモデルの構築と環境への負荷軽減を図ることが可能となる。例えば、性能が低下した中古の EV 用蓄電池を集め、組み合わせてリユースすれば、再エネの出力変動を吸収して電力需給を調整する役割を持たせることができる。また、ビル・工場といったお客さまの電力需要**ピークカット**［➡p156］や非常用電源に活用することも可能だ。

　EV の普及には、充電インフラの整備拡大が不可欠である。充電インフラの整備拡大により、EV の利便性が高まるだけでなく、電力販売量の増加にもつながる。発電時に CO_2 を排出しない再エネや原子力を最大限に活用して充電すれば、モビリティの脱炭素化にもより大きく貢献できることになる。大出

力で安定的に発電できる原子力の重要性が高まっているといえる。

出資、協業するEV関連スタートアップ企業

　持続可能な社会を切り拓こうと、革新的な技術とビジネスモデルを持つEVスタートアップが次々と登場している。関西電力グループが出資、協業するEV関連スタートアップ企業について、前述した3つの観点（①モビリティの脱炭素化②蓄電池のリユース③充電インフラによる電力需要拡大）から紹介する。

（a）EVモーターズ・ジャパン（EVM-J）　https://evm-j.com/

　福岡県北九州市に本社がある、バス、トラックなどの商用EVを中心とした開発、販売に加えて、充電器の開発・販売も手掛けるスタートアップ企業。
　主に①③の目的で出資、協業している。当社のエネルギーマネジメントやモビリティ電動化支援などの強みと掛け合わせることで、モビリティ分野の電化推進を目指している。

（b）フォロフライ　https://folofly.com/

　京都市に本社がある、トラック、バンなどの商用EVの開発、販売を手掛けるスタートアップ企業。①だけでなく②の目的でも出資、協業している。トラック、バンなどの商用EVから回収された使用済み蓄電池を組み合わせてリユースすることにより、電力系統の需給調整用や、ビル・工場等お客さまのピークカット・非常用電源に提供することを目指している。

（c）パワーエックス　https://power-x.jp/

　東京都や岡山県などに拠点があり、大型蓄電池の製造・販売、EV充電ステーションサービスの展開に加えて、蓄電池に電気を貯めて輸送する電気運搬船の開発・製造なども手掛けるスタートアップ企業。電気運搬船とは、洋上風力で発電した電気を、海底電力ケーブルが無くても陸上へ送電可能にする船である。
　主に③の目的で出資、協業している。パワーエックス社のEV充電器は自社製造の蓄電池を併設しており、受電電力抑制による基本電力料金の低減に加えて、蓄電池によって再エネを最大限に活用できる特長がある。

（d）アークエルテクノロジーズ　https://aakel.co.jp/

　福岡市に本社がある、EV の最適充電（スマート充電）・運行管理の自動化、CO$_2$ 排出量の見える化・削減、の 2 つのソフトウェアサービス「eFleet」「eCarbon」やコンサルティングを手掛けるスタートアップ企業。

　主に③の目的で出資、協業している。アークエル社が保有する EV スマート充電技術により、再エネを最大限に活用しながら電力需要拡大につなげることを目指している。

　このように、革新的な技術とビジネスモデルを持つ EV 関連スタートアップに出資し、協業を行うことにより、当社も従来のビジネスモデルに固執せず新しいアイデアや技術を採用し、お客さまに新たな価値を提供するプラットフォームの担い手として進化していくことを目指している。

第 2 章

進化するEV、充電インフラ

2-1　EVの進化と様々な発展類型

大阪大学大学院工学研究科環境エネルギー工学専攻 招聘研究員
太田 豊

■ EVの進化

　EVのラインナップは日本でも軽自動車、SUV（Sport Utility Vehicle）を含む多様な車種が出そろい、2023年度には乗用車53車種が補助金対象として登録されている。[1] 乗用EVのバッテリー搭載容量は20 kWhクラスから100kWhクラスまで多彩で、1充電航続距離や急速充電受け入れ電力もバッテリー搭載容量と走行・充電シーンを想定して様々に設計されている。

　軽貨物・トラック・大型バスもラインナップが充実してきた。グリーンイノベーション基金[※1]によるプロジェクトの一つ「スマートモビリティ社会の構築」では、2030年に8,000台規模のEV・FCEVを含む商用電動車（タクシー・トラック・バス）の導入が計画されている。[2]

　大阪大学でも、小規模ではあるが様々なEVの評価試験を重ねてきた。そのうちの特徴のある車両として、EV-SUVとEVトラックの試乗・展示の様子を写真に示す。写真2-1-1はEV-SUVで、最近価格低下が急激なリン

写真2-1-1 EV-SUV

写真2-1-2 EVトラック

> ※1　グリーンイノベーション基金
>
> 政府が2050年カーボンニュートラルの実現に向けて策定した、グリーン成長戦略に基づく産業・エネルギー政策を推進するための基金。2021年3月、新エネルギー・産業技術総合開発機構（NEDO）に造成された（当初2兆円）。カーボンニュートラルに資する事業を対象に、最長10年間、研究開発・実証から社会実装までを継続して支援する。

酸鉄リチウムイオン電池を搭載した戦略モデルであり、消費電力測定評価やEVナビゲーションの動作検証等を行った。写真2-1-2はEVトラックで、1t近くの積荷を積んだ状態でのスムーズな走りと荷降ろし作業時の利便性を考慮した低床・ウォークスルーを確認した。日頃よく見るSUVと配送車両、それぞれでEV化が浸透していく準備は整いつつある。

▍充電インフラの進化

長距離走行時の主要な立ち寄り場所であり、EVの普及に応じて利用頻度が高くなる高速道路のSA（サービスエリア）/PA（パーキングエリア）の充電インフラは、複数口数化・高出力化のアップグレードが進んでいる。写真2-1-3は浜松SAで、合計300kW・8口（150kWを6口と150kWを2口）の急速充電器が並ぶ様子は壮観である。なお、150kWを6口とは、複数台EV接続時に各々のEVの必要充電スピードや残容量に応じて合計出力が

写真2-1-3 急速充電器が立ち並ぶ浜松SA

150kW を超えないように出力配分されていることを意味する。このように急速充電の利便性向上のために出力と口数を大規模にする場合、その合計出力が建物と同規模あるいはそれを超える規模となることも考えられる。サイトによっては、稼働率に依存する充電サービス料金での収入と電気基本料金のバランスが問題となろう。グリッド側の電気容量に余裕があるサイトでは電気基本料金を低減するなどの措置も期待される。

一方、蓄電池併設型の急速充電器も登場してきた。急速充電器の非稼働時間に蓄電池へゆっくりと充電を行っておくことでグリッドとの"縁切り"を図り、電気基本料金を下げながらも EV には高出力での充電を提供する、Non VGI（Vehicle Grid Integration）型のソリューションも提案されている。[3]

▎EV・充電・グリッドの統合プラットフォームの兆し

「EV と充電インフラ、どちらがタマゴ？　ニワトリ？」とよく言われるが、きっかけはどちらでもいい。地域ごとに両者がバランスよく"生息"できることが重要であり、そうしたバランスを維持することが大事だ。

EV 普及が進む米国では Joint Office of Energy and Transportation を政府組織として結成し、EV 転換と充電インフラの設置数のバランスを統括することを試みている。[4]自動車の利用データを共有する環境、公共的な充電インフラの目標と設置概況を示すポータル、充電インフラの設置箇所や収益性に関する事業者向けの分析ツールなどが、米国全土の国の研究機関の研究力を総動員しながら一元的に整備されている。また、「ChargeX」と名付けられたコンソーシアムでは、充電インフラのユーザビリティ（可用性）に関わる相互運用性や規格標準化、故障・点検情報の共有、トラックなど長距離走行 EV のための超急速充電に向けた技術開発等、充電インフラに関する全方位的な議論が行われている。[5]

EV と充電インフラの普及拡大に備えるグリッド側の取り組みとしては、米国電力研究所（EPRI）の「EVs2Scale2030」がある。[6]2030 年に EV 化50% の想定で、自動車の走行データから 2030 年の地域ごとの EV 充電需要を推定。一部地域（サンフランシスコ、ニューヨーク、ボストン近郊）について

図表2-1-1 米国におけるEV×グリッドのアセスメントツール（サンフランシスコ周辺の表示画面）

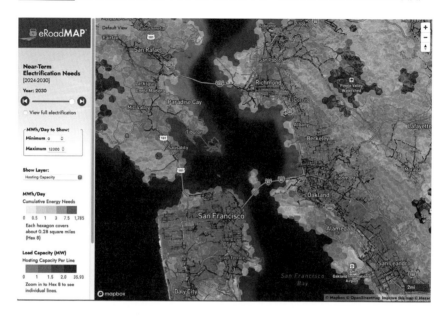

は、配電レベルでの充電器設置可能量との突き合わせまで行うアセスメントツール「eRoadMAP」を整備している。図表2-1-1にサンフランシスコ周辺での解析例を示す。充電需要（六角形）、主要道路（白抜き）、配電網（空き容量に応じた灰色や黒色）のコントラストが分かりやすくまとめられており、自動車メーカー（OEM）、充電サービス事業者、電力会社をつなぐ有力なツールとなろう。

多様性を尊重する日本型のプラットフォーム

このようなEV・充電・グリッドの統合プラットフォームについて、大阪大学モビリティシステム共同研究講座ではOEM、充電サービス事業者、電力会社との意見交換や情報収集を重ね、図表2-1-2のようにまとめてきた。自動車・充電・グリッドに関わる各種データを、都市・地域の地図情報と合わせた共通基盤として整備（図表中底辺のトライアングル）。その上で、①充電インフラの万全な拡充（充電・グリッド連携）②EVユーザーへ充電経路選択

図表2-1-2 EV×グリッドの統合プラットフォームのあるべき姿

※グリッドエッジEMS＝EVが接続される住宅地周辺や配電系統末端でのエネルギーマネジメントサービス

を含めたナビゲーションを提供（EV・充電連携）③再生可能エネルギー源からの充電、グリッドエッジEMSやグリッド側のフレキシビリティへの貢献（EV・グリッド連携）――などに取り組む。EVの利便性と付加価値の向上へEV・充電・グリッドの三位一体で頑張ろう、というメッセージを込めている。日本は国内外の多様なEVのラインナップが出そろってきたところで、こうした過渡期には充電サービス事業者も規格標準も様々存在する。そのため、マルチベンダを意識することが特に重要となる。スマートシティのプラットフォームまで意識するのならば、自動運転を駆動する3Dマップ、交通系プラットフォーム、電力市場、都市デジタルツインなどとの連携を当初から意識しておくことも重要である［図表4-1-2参照］。

EVのライフサイクルでのデータ連携

　EV・充電・グリッドの統合プラットフォームは、主にEVの利用・運行（オペレーション）に関わるものだ。EV転換のエコシステムを議論するにはスコープを広げ、上流の資源調達・生産・流通等のサプライチェーンや、下流のアフターサービス・再販・リサイクル等のバリューチェーンを含めたライフサイクルでの評価が不可欠となる。EVの基盤部品であるバッテリー製

図表2-1-3　EVのライフサイクルを通したデータ連携

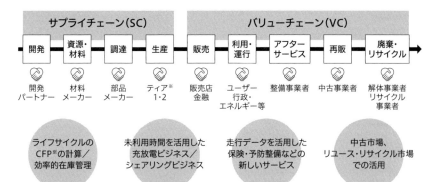

造に伴うCO₂排出量は大きい。オペレーション時はCO₂排出削減効果を得られるが、バッテリー製造時（前工程）と中古車・リユース・リサイクル（後工程）を含めたライフサイクルで見るとどうなのか？　ということである。

欧州では既に、バッテリー流通・製造に関わるカーボンフットプリントのトレーサビリティを確保する取り組みが議論されている。前述の統合プラットフォームで扱う、オペレーションに関わるトレースデータを前後工程に積極的に流通させる仕組みの構築も急務となろう。グリーンイノベーション基金「スマートモビリティ社会の構築」では、図表2-1-3のようなEV転換に関わるライフサイクルを通したデータ連携の重要性が指摘されている。[7]

参考文献

1) 現在販売されている補助金対象のEVは53車種、一般社団法人次世代自動車振興センターホームページ、https://www.cev-pc.or.jp/what_ev/syashu/（2023年3月末時点）
2) グリーンイノベーション基金：スマートモビリティ社会の構築ホームページ，https://green-innovation.nedo.go.jp/project/smart-mobility-society/
3) 株式会社パワーエックス Hypercharger，https://power-x.jp/hypercharger
4) The Joint Office of Energy and Transportation, https://driveelectric.gov
5) The National Charging Experience Consortium（ChargeX Consortium），https://inl.gov/chargex/
6) Electric Power Research Institute EVs2Scale2030,https://msites.epri.com/evs2scale2030
7) 経済産業省製造産業局自動車課，第4回モビリティの構造変化と2030年以降に向けた自動車政策の方向性に関する検討会（2022年4月25日）資料3

2-2 世界の充電インフラとビジネス、データの展開

PwCコンサルティング合同会社 ディレクター

志村雄一郎

EV にとって充電インフラは、走行に必要な電力の確保のために不可欠であるとともに、充電の機能を他の産業に提供することで、新たなビジネス展開への橋渡しになるものである。ここでは EV 充電について、EV ユーザー向けの充電ビジネスの現状と、他産業との連携による新たなビジネスの実現可能性とその実現に向けた課題を示す。

▎EV充電の全体像

EV は、車庫で充電できることから、エンジン車のように給油所に行く必要がない点では利便性が高い。しかし、蓄電池の性能の制約により、エンジン車のように1回のエネルギー充填で長距離走行できない場合もあり、外出中の経路や目的地にて充電が必要となるため、公共の充電スタンドが整備されてきている。

EV の充電は、このような車庫での充電（基礎充電）や公共の場での充電（経路充電、目的地充電）といったように、充電器の立地場所で区分できる。また、充電器の仕様の区分として、充電器の出力の大小による充電時間での区分（普通、急速）、充電のみの対応か車両に蓄電された電力を外部に放電できるかの区分（単方向の充電、双方向の充放電）、充電の際に充電器のプラグを差し込むプラグイン（接触）式か電磁誘導等を用いる非接触式かといった区分もある。

さらに、充電器の外部からの適切な制御が可能となるスマート化への対応でも区分される。放電する対象により、電力系統向けの場合は V2G (Vehicle to Grid)、住宅向けの場合は V2H (Vehicle to home)、建物等への場合は V2B (Vehicle to Building) と呼ぶ。これに対して、スマート充電のみに対応する

場合は V1G と呼ぶこともある [p065 参照]。

EV充電ビジネスとは

EV の普及に伴い、充電器の導入、設置、運用を最適化するＥＶ充電ビジネスが広がりつつある。

充電器の導入と設置については（特に、複数の車両を使用する事業者の場合は）既存のエンジン車の利用形態を踏まえた EV への代替計画の策定が必要になる。その際は充電器の出力をどう設定するかも重要となる。というのもEV を充電する際の電気の使用料金は、電力の最大需要（ピーク）によっても定まるためであり、複数の車両を充電するような場合には、充電のタイミングをずらすことで電力需要のピークを減らすエネルギーマネジメントが効果的になるからである。そうした EV 充電の計画を最適化するには、車両の運行計画も必要となり、車両の運行管理（フリートマネジメント）と EV 充電のエネルギーマネジメントを統合するような新たなビジネスも出てきている。また、EV ユーザーが太陽光発電等の発電機を充電場所に設置している場合には、そうした発電の出力に合わせて EV の充電を制御するようなエネルギーマネジメントも必要となり、そのような機能を提供するビジネスも広がりつつある。

集合住宅への EV 充電器の設置も課題である。既設のマンションの駐車場に新たに EV 充電器を設置する場合には、そのマンションの住人の賛同を得る必要があるが、そのような交渉を代行し、さらに EV 充電の利用実態を把握し、個々の EV ユーザーからの充電料金徴収を支援するようなビジネスも広がりつつある。

外出時の経路充電や目的地充電については、そのための公共充電器を整備し、その充電器を管理するビジネス（CPO = Charge Point Operator）や、そうした充電器をネットワークで連携し、個々の EV ユーザーの利用データを把握して充電料金をそれぞれ課金するようなビジネス（ローミングサービスプロバイダー）、さらには外出時の充電と車庫での充電の課金を連携させるようなビジネス、車両の運行計画と出先の充電器検索を連携させてどこで充電

すればよいかをEVユーザーに案内するサービス（eMSP＝eモビリティサービスプロバイダー）も必要となってくる。

EV充電ビジネスの広がり

EV充電ビジネスは、前述したようなEVの通常の走行に関連するものだけでも広がりつつあるが、新たなエネルギービジネスも拡大しつつある。その背景にあるのが、世界的な再生可能エネルギー（再エネ）の普及への期待である。

現在、気候変動の抑制のためにも太陽光や風力といった再エネの普及は重要視されている。しかし、これらの再エネの発電量は天気任せで制御はできない。この点において、これまでは火力発電の出力を調整することで、電力の需要と供給を一致させて電力系統を安定化させていた。とはいえ太陽光発電の普及拡大により、既に火力発電では十分に調整できない場合も出てきており、その場合は太陽光発電を抑制するといった措置が取られている。再エネの主力電源化に向けては、そのような調整役の火力発電設備も利用できな

図表2-2-1　EV充電ビジネスに関連する主なプレーヤー

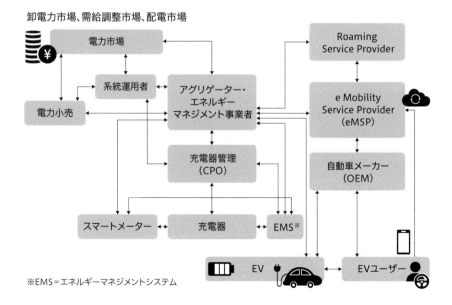

※EMS＝エネルギーマネジメントシステム

くなることや、太陽光発電等を最大限活用するために出力抑制を回避しなければいけないことを考えると、太陽光等で発電した電力を貯蔵する、あるいは需要側を適切にコントロールし、需要を一時的に増やして電力の供給量に一致させる必要がある。このように発電量の変動を調整する機能としては、現在、定置用蓄電池の整備が期待されている。

　この蓄電に関する社会的なニーズに対して、EV の車載蓄電池を、駐車している間に次の運転に支障が出ない範囲で活用することで、エネルギーサービス専用に設置する定置用蓄電池よりも安価に電力の需給調整機能（フレキシビリティ）を提供できる可能性がある。

　そのための技術的な検証は、既に世界で実施されている。個々の EV 車両の蓄電池の状態を監視し、EV の運行計画等からどれだけの充放電が可能かを判断し、個々の EV 充電器を適切に制御することで 1 つの仮想の大きな蓄電池として EV 用の蓄電池を利用できることは明らかになっている。

　なお、その実現には様々な新たなビジネスプレーヤーが必要となる。EV ユーザーの他に、個々の EV の情報を束ねて電力の系統運用側に適切なタイミングで適切な量の調整力を提供する事業者や、その調整力機能の価値を、電力市場への最適な入札により最大化するような事業者等も必要となる。

　国によっては制度が整備され、そのようなプレーヤーの新たな参画により、優れた事業性を実現できる地域も出てきている。車両の蓄電機能を提供することにより得た電力市場からの対価は、EV を提供する EV ユーザーと、**アグリゲーター**（EV を束ねて適正に監視・制御するサービスを提供する事業者）[➡ p156] とで折半することになるが、電力制度の改革が先行している英国では、地域によっては EV ユーザー向けの対価が EV1 台当たり年間で数万円にもなる。英国の電力会社の中には、EV ユーザーが充放電管理をアグリゲーター等に任せることで、通常の EV 充電の電気料金がほぼ無料になるような料金メニューを提示する小売事業者も現れている。

▌データ連携の必要性

　日本においては、欧米とは電力系統の置かれている状況が異なるため、英国

のようにEVの充放電機能（V1GやV２G）の提供により大きな便益をEV
ユーザーが得るには、まだ少し時間がかかる。現状は、将来のそのような活用
を見据えつつ、需要家向けの電力コスト削減のサービスや、再エネの有効活
用に向けたEV活用が想定できる。需要家向けの電力コスト削減のサービス
としては、特に複数台のEVを用いる事業所等の充電の際に、充電による電
力需要のピークが立たないようにして電力料金の基本料金を削減するような
充電制御の実現が考えられる。また、再エネの有効活用に向けては、地域に
おける太陽光発電の出力制御を回避するために、太陽光による発電量が多い
時にEVの充電による電力需要を増加させて、再エネを有効に活用する方策
（上げDR［➡ p154］等）での活用が期待される。特に九州などでは、太陽光発
電が普及した結果、発電量に対して需要が足りず、せっかく発電できた再エ
ネ由来の電力を電力系統に流さないといった**再エネ出力抑制**［➡ p152］が頻
繁に生じるようになってきている。この課題を解決するためには、夜間に実
施していたEVの充電を、各自の運行計画に基づいて適切に昼間にシフトで
きれば、昼間に無駄になっていた再エネを有効に活用することができる。例
えば通勤用のEVユーザーの車両は、勤務先で昼間は駐車されており、その
際に、これまでは出力制御されていた太陽光発電による電力を活用したEV
の充電が可能となる。そのためには、EVユーザーの運行スケジュールと充
電スケジュールを適切に管理するEV管理システムが必要となり、また、何
らかの経済的なインセンティブと組み合わせることができれば、新たなビジ
ネスチャンスとなり得る。

　いずれにせよ、EVの蓄電池を活用するためには、EV車両側のデータを、
必要としている第三者と共有する仕組みが不可欠である。ただし、これまで
の自動車においては、車両データを逐次他の事業者と連携するような事例は、
走行距離データを保険に用いるなど一部の例外を除いてほとんどなく、企業
間でのデータ流通が進んでいない。EVに関する新たなデータ流通の仕組み
を整えることで、モビリティとしての活用だけでなく、エネルギー機器とし
て利用するビジネスや、車載蓄電池に対する保険等に関する新たなビジネス
を創出できる。

> ※1 データスペース
>
> 　国・組織等の枠組みを超えて、信頼性・安全性を確保しながらデータを共有する標準化された仕組みのこと（例えばAmazonの通販・配信サービス）。参加者は多種多様かつ膨大なデータを安心して利用できる。デジタル化を背景に、ビジネス創出やデータセキュリティの向上、社会変革をもたらす経済・社会活動の場として注目を集めている。

　自動車の車両データを流通させるためには、まずは車両データをどう外部と連携させるかがポイントとなる。その場合、自動車メーカー（OEM）は自社の車両データをクラウドにて管理しているので、そのクラウドとの連携、あるいは充電器を経由したデータ連携が想定できる。ただし、後者の充電器経由でEVの車両情報を収集するのは、日本の現状の通信プロトコルでは基礎充電の際に課題がある。そのため、EVの蓄電池を含む車両データに関し

図表2-2-2　EV充電ビジネスの実現に向けた課題とその解決に向けた対応の方向性

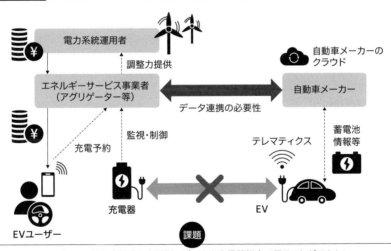

て、OEM のクラウドに格納されているデータの活用が期待される。今後は、車両関連のデータについて、産業間連携による新たなビジネスを実現するための必要最小限のデータ項目を選定し、そのデータを活用したい第三者にどのように提供するかといった検討が望まれる。既に欧米では、EV の車両データを第三者へ流通させる取り組みが進みつつある。特に欧州では、産業間連携によるデータ流通を生かした産業振興を目指し、車両データの流通も本格化しつつある。こうしたデータスペース[※1]での連携は、モビリティ業界にとどまらず、エネルギー業界にも広がりを見せており、今後は異なる産業間のデータスペースの連携のあり方も重要な論点となる。

2-3 充電インフラの未来形
―ワイヤレス給電と自動運転

株式会社ダイヘン 技術開発本部インバータ技術開発部長
EVワイヤレス給電協議会（WEV）事務局長

鶴田義範

■ EV充電インフラの現状

　世界では地球環境保護を目的として脱炭素化の取り組みが進められ、その策の一つとしてEVへの関心が高まっている。日本ではまだEVが広く普及しているとは言えない状況だ。2023年における普通乗用車と軽自動車を合計したBEVの新車販売台数は約9万1,000台で、全ての新車販売の2.3%にすぎない。数字からはまだまだ少ないと感じるところだが、2020年は0.4%だったことから考えると、確実に販売は増えており利用も拡大している。

　EVの普及拡大には充電インフラの整備がまずは必須であることから、国策として補助金の交付や整備計画の策定、技術開発の支援が行われており、充電口数として2030年までに30万口を設置するという政府目標も発表されている。商業施設や道の駅、高速道路のサービスエリアなどの駐車場でEV充電器を見かけることも増えてきた。2024年3月時点で公共用充電器の設置口数は、急速充電器が約1万口、普通充電器が約2万2,000口となってい

図表2-3-1 ワイヤレス給電の方式分類

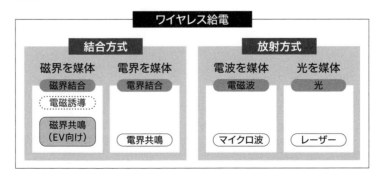

る（ゼンリン調べ）。

　これらの充電器は全てプラグインタイプの充電器であり、充電を行うには車を停止して充電プラグをEVの充電口に差し込む作業が必要になる。また、化石燃料車の給油にかかる時間に比べて、EVの充電にかかる時間の方がはるかに長いことから、充電待ち時間の使い方や充電渋滞（充電器の順番待ち停滞）などの課題が発生している。EVの普及促進には、充電作業の利便性向上が不可欠となっている。

■ワイヤレス給電とは

　ワイヤレス（無線）給電とは文字通り、ケーブルなどの配線による接続を行わず、金属などの接点接続無しで電力を送る技術である。電動歯ブラシや髭剃りのような、電気の通っている金属接点の露出を嫌う水回り用途などで既に数多く利用されている。最近では「置くだけ充電」という呼称でスマートフォンの充電にも利用されるなど、活用される領域は広がりつつある。EVにもこのワイヤレス給電を適用させていくことが検討されており、大学などの研究機関や自動車メーカー（OEM）、充電器メーカーなどが開発を進め、一部は製品化されている。ワイヤレスでの電力伝送に用いられる方式には、電界を媒介とする「電界結合方式」や、磁界を媒介とする「電磁誘導方式」などがあり、EVへの給電には電磁誘導方式が多く採用されている。その中でも、共鳴現象を利用した「磁界共鳴方式」が送受電間の位置自由度が高い方式として期待が高い。ワイヤレス給電の方式分類を図表2-3-1に示す。

　EVへの給電では、地面に設置した送電コイルから車両の底面に装着した受電コイルへ電力を送る形式で使用されることが多い。また、駐車場などに停車している状態のEVに対して電力を送るSWPT（Static Wireless Power Transfer）と、道路の走行方向に沿って連続的に送電コイルを埋設し、走りながらの充電を可能とするDWPT（Dynamic Wireless Power Transfer）がある。

　充電装置全体の電気的な回路構成は、プラグイン有線充電器と基本的に同じだ。空間を電力伝送することからプラグイン充電よりも効率が悪くなると

思われがちだが、電力伝送の効率も同等である。プラグイン充電器は、車両の充電口を開けて、充電器からケーブルを延ばし、充電口に差し込む手間が発生するが、ワイヤレス給電は、車両の下部に取り付けてあるコイルが地面に設置されているコイル上に来ることで、自動的に充電を開始させることができる。ケーブルが絡まる恐れもなく、充電忘れもない、安全・安心・便利な方法だ。

▍ワイヤレス給電導入による効果

　EVへの充電をワイヤレスにすることで、多くの効果が見込まれる。EVユーザーのメリットとしては、まず充電の手間を減らせることだ。ちょっとした停車中や移動中に充電が可能なため、充電時間や待ち時間を削減することができ、時間を有効に使える。業務用の車両であれば、利用の回転率を高められる。充電器を運用する側のメリットとしては、充電装置を路面に設置するので充電のためのスペースを削減できるほか、利用時に車両と接触する部分が無いことからメンテナンスの頻度も非常に少なく済む。また、ちょっとした停車時間を活用して充電頻度を上げられるため、小さな電力による充電の運用が可能となり、車両に搭載する電池の容量も小さくできる。バッテリー製造時に発生するCO_2の削減や、バッテリーの原料となる希少金属の省資源にも貢献する。小さな電力での高頻度充電は電池にも優しく、バッテリー寿命の延長にも寄与する。大電力で短時間に充電することがなくなれば、電力需要の平準化にもつながる。

　以上のように、EVの充電をワイヤレスで行うことにより、利便性が飛躍的に高まると予想される。しかし、現在市販されているEVにはワイヤレス充電の機能は搭載されていない。すぐにワイヤレス充電の機能を付加するには、車両の改造を行う必要がある。具体的には、受電コイルと充電制御のための装置を車両に搭載することになるが、電気的な接続方法としては2通りの方法が考えられる。

　一つは、車載されている交流（AC）の充電器を経由して充電する方法だ。ワイヤレスで伝送された電力をAC200Vに変換して車載AC充電器へ入力

することで、充電制御を車載充電器に任せる形で安全に充電できる。もう一つは、CHAdeMO[※1]の急速充電ポートを利用する方法である。ワイヤレスで伝送された電力を直流（DC）でCHAdeMOの急速充電ポートにつなぐ。充電器と車両間の通信にCHAdeMOの通信プロトコルを使用することで、プラ

図表2-3-2 既存車両への後付け搭載案

車載AC充電器を活用
ワイヤレスで受電した電力をAC200Vへ変換して、車載AC充電器へ電力供給する

CHAdeMO急速充電ポートを活用
ワイヤレスで受電した電力をDCで直接蓄電デバイスへ供給することと併せて、充電制御はCHAdeMO規格の信号を使用する（CHAdeMO協議会外部充電WG）

受電コイルユニット外観

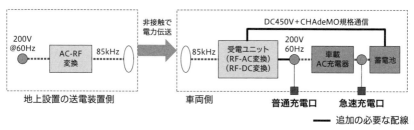

図表2-3-3 車両へ搭載した場合の機器構成

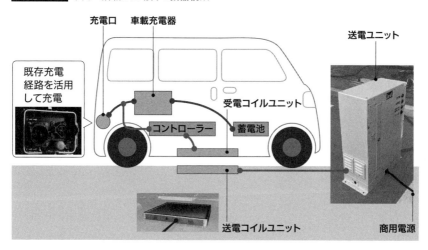

> ※1　**CHAdeMO（チャデモ）**
>
> 　日本が主導して 2010 年に国際規格化した EV 急速充電方式。「CHArge de MOve ＝動く、進むためのチャージ」「de ＝電気」「充電中にお茶でも」の 3 つの意味を含む。CHAdeMO 以外の国際規格は、欧米を中心に普及する「CCS（コンボ）」、中国の「GB/T」、日中共同開発の「CHaoji（チャオジ）」、米テスラ社の「スーパーチャージャー（SC)」などがある。

グインの急速充電を行う場合と同様の充電制御を行うことができる。2 つ目の方法については CHAdeMO 協議会の外部充電ワーキンググループ(WG)で実施方法の検討・検証が行われ、ガイドラインも作成されている。

　車両にワイヤレス充電機能を搭載した場合の機器構成、および小型配送用 EV への実際の搭載例を示す（図表 2-3-2,3)。

❙ 究極の給電方式である走行中給電

　走行中給電システムは EV の利便性向上だけでなく、電池材料の省資源化や再生可能エネルギー（再エネ）の最大活用に有用な技術であることは広く認識されており、これまで国内外で様々な開発や実証試験が行われ、今後も計画されている。国内では東京大学やダイヘンにて大電力の送電実験や自作の給電試験車両を用いた実証などが行われてきた。

　国費を活用した取り組みでは、2018 年から内閣府の SIP（戦略的イノベーション創造プログラム）第 2 期のテーマとして走行中給電の開発が行われ、多数の企業や研究機関が参画した。新エネルギー・産業技術総合開発機構（NEDO）の実証事業や**グリーンイノベーション基金** [p029 参照] 事業でも走行中給電システム開発は重要なテーマとして進められている。東京大学では 2023 年 10 月より千葉県柏市で公道を用いた実証試験を開始している。

　2025 年に開催される大阪・関西万博ではグリーンイノベーション基金事業の実証の一つとして、会場内の来場者輸送に用いられる電動バスの一部が走行中給電で運用される予定。大阪・関西万博はパビリオンだけでなく会場全体が未来社会のショーケースであることを PR しており、約 100 台の電動バ

045

スが運用され、走行中給電だけでなく**レベル４の自動運転**[※2]やエネルギーマネ
ジメントシステム、運行管理システムとも融合した他では見られない大規模
な実証が行われる予定である。

自動運転とワイヤレス給電の親和性

EV へのワイヤレス給電が可能になると、前述した利便性に加えて、自動
運転技術の普及促進にも寄与すると考えられる。自動運転技術により運用さ
れる車両は、充電や給油の作業も人手ではなく自動で行う必要が出てくる。
EV においても、運転は自動で行うが充電は有人の作業が必要となるプラグ
イン充電での運用は考えにくい。ロボットアームを用いたプラグイン自動充
電の技術開発も行われているが、車両によって充電口の位置や向きが異なる
ことや、充電口の開け閉めを自動で行う機構を追加することの難しさなどか
ら、特定の車両向けとしての開発に留まっている。

自動運転技術は進化しているが、実運用まで想定すると、それと一体運用
できる自動充電技術としてワイヤレス給電の普及が望ましいと考えられる。

社会実装に向けた課題

今後、電動車の比率は急速に高まることが想定され、2050 年には 90% に
達するとの予想もある。充電に必要なエネルギーコストに加えて、充電イン
フラの整備も大きな課題となってきている。また、再エネの大量導入も進む
中、代表格である太陽光発電は出力が不安定であることや、昼間の日照時に
しか充電できないことによる発電と需要のアンバランスも課題となる。

プラグインによる EV 充電は通常、夜間に行われる。太陽光発電の電力が
余剰となる昼間、EV は運用中で、充電のためには運用を一時停止する必要
がある。ところが走行中充電が可能な EV が増加すると、昼間に運用中でも
多くの車両への充電が可能となり、太陽光発電の余剰電力を吸収できるよう
になる。さらにワイヤレスによる双方向電力伝送が可能になれば、各 EV の
蓄電池情報に基づき充放電コントロールを行い、大容量の電力需給調整制御
を実現することも可能となる。

046

> ※2　レベル4の自動運転
>
> 　自動運転レベルは、部分的な運転補助機能を有するレベル1から、どのような条件でも運転者を必要としない完全自動運転が可能なレベル5まで、5段階に分かれている。レベル4は一定条件下での完全自動運転が可能。国は2025年までに、40カ所以上でレベル4の無人自動運転サービスを展開する目標を掲げている。

図表2-3-4　走行中給電システムの社会実装に向けた課題

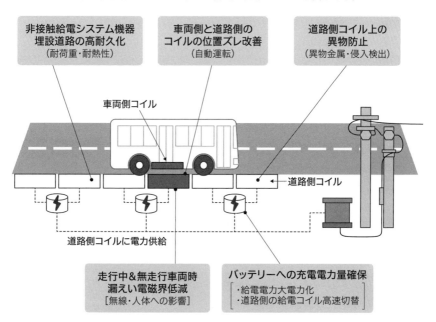

　走行中給電システムの本格的な社会実装に向けては多くの課題がある。機器の道路埋設状態での耐久性向上、車両側と道路側とのコイル位置ズレの改善、道路側のコイル上の異物防止、漏えい電磁界の低減など、様々な課題が考えられる。また、身近にスマートフォンや電動歯ブラシなどの非接触で充

電できる機器が増えているとはいえ、ワイヤレス給電技術は一般的に知られていないことから、一般道での設置については近隣住民の理解も欠かせない。このような課題の解決は、開発を行っている各個社や団体のみでは対応できないとの認識も強くなっている。そこで、EVワイヤレス給電技術の社会実装を促進しようと、2024年6月に「EVワイヤレス給電協議会（WEV）」が設立された。

図表2-3-5　EVワイヤレス給電協議会（WEV）の設立と活動内容

モビリティの電動化をEVワイヤレス給電技術により後押しし、持続的な社会の実現を目指している。国・業界の発展に貢献する信念の下、同じ方向を向くステークホルダーと連携した活動を行う。

活動内容

1. EVワイヤレス給電の社会インフラ化の推進
- 経済的合理性があり、誰もが参入できる産業構造を目指す。
- 都市、交通などの課題解決のために、自動運転等の技術におけるEVワイヤレス給電技術の有益性の理解促進を目指す。

2. 実用化・普及促進の対外発信・啓発
- 社会インフラとして認知向上させ、業界の活性化に寄与する。
- 社会インフラとしての整備を推進するため、関連制度の整備など官公庁と丁寧な対話をして進める。

3. 標準化活動の推進
- EVワイヤレス給電技術の相互運用性やセキュリティ確保のために標準化活動を行い、相互利益のある基準・規格の確立を目指す。

先行するEVワイヤレス給電技術を中心として活動をスタートするが、他方式とのベストミックスも検討してEV給電の利便性向上に貢献する。

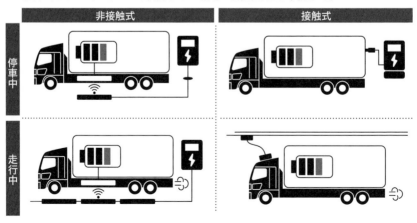

図表2-3-6 普及拡大のステップ

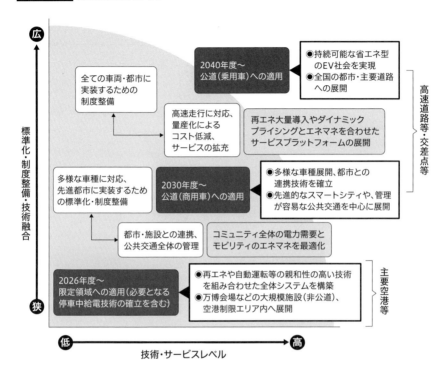

　安全で大きな利便性向上が見込める技術であることを周知するためにも、まずは私有地などの限定領域や高速道路など、他の埋設物が少なく一般の人が近づきにくい場所への適用を、停止中のワイヤレス給電と併せて広げていく必要がある。対象車両も、まずはトラックやバスなどの業務用から導入し、適用を広げていく。さらに、適用場所や提供するサービスレベルの拡大と併せて、制度整備や標準化の作業も必要である。普及拡大のステップを確実に進めていくことで、持続可能な省エネルギー型の脱炭素社会実現に貢献していきたいと考えている。

2-4 eモビリティ、充電サービスの可能性

関西電力株式会社 ソリューション本部 開発部門 eモビリティ事業グループ 部長

田口 雄一郎

■陸・海・空　多様なeモビリティ

　陸のモビリティにおける電動化は、既に明確な政府目標が定められている。乗用車は2035年に新車販売100%、トラック・バスにおいても8t以下の小型車は2040年までに新車販売100%となっており、大型車も追って普及目標が定められる。EVの航続距離を回復する手段は、充電設備で直接充電するか、バッテリーを交換するかのどちらかとなる。直接充電の課題や可能性はここでは割愛し、バッテリー交換にフォーカスする。

　バッテリー交換方式は、給油並みの短時間で航続距離を回復できるというEVユーザーのメリットに加え、巨大な定置型蓄電池であるバッテリー交換ステーション自体が電力グリッドと接続していることから、例えば日中の太陽光発電の余剰電力を蓄えたり、電力の市場価格の高低に応じて放電・蓄電を行ったりすることで、ステーションオーナーにもコストメリットをもたらす可能性がある。

　2023年秋に開催された「ジャパンモビリティショー2023」では、いすゞ自動車と三菱ふそうトラック・バスがバッテリー交換ソリューションを公開しており、商用車分野での実用化が期待されている。また、2024年3月には、ENEOSホールディングスと北米スタートアップ企業のアンプルがバッテリー全自動交換ステーションを開設し、運用面の課題の洗い出しを行う実証実験をスタートした。

　海のモビリティに話を移そう。

　代表的な船型である499総トン型の一般貨物船の輸送量は、10tトラック160台分に相当するほど輸送効率が高い。エネルギー効率も高く、エンジン

駆動のままでも同重量の貨物を運ぶエネルギー消費量が約5分の1となることから、トラックよりも海運へのモーダルシフトは**カーボンニュートラル**[→p148]の文脈で大変好ましい。一方、中型船以上では航続距離の問題等から純バッテリー駆動化が難しく、バッテリー船は航海距離の短い小型内航船への適用が合理的である。水素燃料電池船やハイブリッド船であれば中型船レベルの実用化も可能で、例えば神戸港から相生バイオマス発電所への木質チップバイオマス燃料輸送において、ハイブリッド船（499総トン型、発電機と大容量バッテリーによるハイブリッドEVシステム搭載）1隻が2023年7月に就航している（写真2-4-1）。また、2025年大阪・関西万博において、大阪市内と会場を結ぶ水上交通手段として水素燃料電池船が運航される予定だ。燃料電池とバッテリーのハイブリッド動力で航行する。バッテリーは外部からの充電も可能。運航中にCO_2を排出しないだけでなく、エンジン駆動に伴う振動や燃料のにおいがなく、快適性にも優れている。

大型船まで含めた船舶全体において電化（あえて電動化と書かない）の出番を考えるならば、陸上電力供給システム（陸電）の採用があり得る。陸電とは、停泊時に船内発電機エンジンやボイラ等の熱源を停止し、陸上側よりケ

写真2-4-1 ハイブリッド船「あすか」

出所：旭タンカー提供

ーブルリール等にて電力を供給するシステムで、停泊中のCO_2排出量を約60%も削減可能である。これをeモビリティと言うのははばかられるので、カーボンニュートラル的に"良い(いい)モビリティ"としたい。

最後は、空だ。ここでは、大阪・関西万博でも注目の集まる「空飛ぶクルマ」(写真2-4-2)について記したい。

空の移動革命に向けた官民協議会が定めた「空飛ぶクルマの運用概念」には、「電動化、自動化といった航空技術や垂直離着陸などの運航形態によって実現される、利用しやすく持続可能な次世代の空の移動手段」とある。ヘリコプター等と比較すると、垂直離着陸が可能なメリットはそのままに、「バッテリーを動力源とするため無排出ガスかつ起動(パワー・オン)後、短時間で運用に供せる」「小さなサイズのモーター・ローターを複数装備するため、離着陸時や巡航時の騒音低減や高い冗長性への期待」「部品点数が少ないことによるメンテナンスコスト軽減の可能性」等のメリットが加算される。旅客輸送と荷物輸送の両ユースケースがあり、荷物輸送はドローンのメリットとほぼ共通だが、旅客輸送においてこれらのメリットは大きい。

空飛ぶクルマを商用運航する場合、待機時間を短縮し、効率的かつ収益性の高い運航を行うためには、ターンアラウンド(便間の折り返し)時に超急速

写真2-4-2 最新型「空飛ぶクルマ」のイメージ

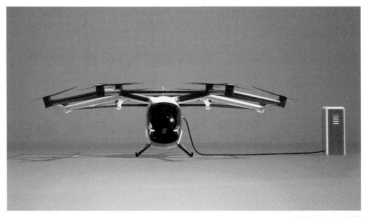

出所:SkyDrive提供

充電を行うことが大変重要となる。機体が商用運航できるタイミングばかりが注目されがちだが、充電設備に関しても各社の機体特性に合わせた超急速充電（高電圧・大電流での充電器、バッテリー冷却装置、エネルギーマネジメントシステム）が可能であり、将来的なグローバル市場を見据えての汎用性を併せ持った開発が必要な点も、ぜひ知って頂きたい。

▍顧客ソリューションとしての充電インフラサービスの進化

2023年10月、日本政府は、「公共用の急速充電器3万口を含む充電インフラ30万口の整備を目指す」と、従来から倍増の目標値を発表した。それに応じて、2024年度の充電インフラ整備に向けた補助金も前年度比倍増の計360億円となった。この目標値や補助金の規模からも推し量れるように、近年は様々な充電サービスプレーヤーが、EVの普及や利便性の高い充電サービス提供のために、しのぎを削る様相となっている。

近年の充電インフラサービスに関する最も大きな進化は、公共向け、つまりパブリック充電サービスを行うプレーヤーの増加であろう。かつてのパブリック充電インフラは、商業施設等のオーナーが自らの施設の集客力を高めるために自己資金で設置するケースが主だったが、前述の手厚い補助金のお陰か、様々なプレーヤーが、商業施設等に施設オーナーの初期負担を求めることなくパブリック充電インフラを構築し、EVユーザーから直接充電サービスフィーを得るビジネスモデルが成立し、主流となりつつある。

また、このビジネスモデルの成立によって、我々が日常的に利用しやすい商業・宿泊施設等に、便利で安価なパブリック充電サービスとして、密な充電ネットワークが形成されつつあり、EVユーザーの利便性は大きく向上している。利用料金体系においても、毎月どれぐらいパブリックで充電するかが不明確な中、月額料金が不要で充電時間当たり料金の安い充電サービスが提供されたことは、日本のEV普及を大いに加速させるはずである。

進行中もしくは今後想定される進化ポイントにも触れておきたい。

直近では、法人がプライベート利用で設置する基礎充電器について、より設置台数を抑え、稼働率を上げ、さらには収益を得るために、シェアリング

される動きが出始めている。これは、法人のある拠点のプライベート充電として夜間のみ利用されている充電器が、例えば同法人の別拠点に所属するＥＶの経路・目的地充電として昼間にシェアリングされる形態を指す。別拠点にある充電器の昼間利用を恒常的に想定することで、法人としては、一拠点内に保有するＥＶと同数の充電器を同拠点内に設置しなくてもよくなり、しかも設置した充電器の稼働率を法人全体で大きく向上させることができる。また、昼間のシェアリング対象を広げ、別の友好法人のＥＶや一般ＥＶユーザー向けのパブリック充電器として開放すれば、収益を生むことも可能となる。

　2023 年 2 月に関西電力グループが主導して行った法人向けの実証では、4地点の充電スポットを、7 法人が使用するＥＶ10 台でシェアリングした。その結果、予約の必要性や予約のフレキシビリティなどの課題が明らかになった。実際に法人のプライベート充電器のシェアリングを導入するには、敷地内の充電器設置場所やセキュリティ、課金方法などの検討も必要だが、1 つの充電インフラを余すことなく使い倒す有益なソリューションになると考えている。

　また、充電サービスとは少し観点が異なるが、EV の充電方式として、現在主流のプラグイン方式に加え、磁界共鳴などを使ったワイヤレス方式が併用されることも予想される。スマートフォンのワイヤレス充電と原理的には同じであり、EV ユーザーにとってはプラグ接続の手間が省け、充電忘れが無くなるメリットがある。ワイヤレス方式は、停車中ワイヤレス給電（SWPT：Static Wireless Power Transfer）のみならず、道路内に送電コイルを埋設する走行中ワイヤレス給電（DWPT：Dynamic Wireless Power Transfer）も可能である。充電サービスに話を戻すと、DWPT が普及したならば、他国で問題になっている「充電スポットでの長蛇の充電待ち」も発生せず、普通に道路を走行しているだけで電欠の心配から解放される "究極の充電インフラサービス" となり得る。また、DWPT は EV と電力グリッドが常時接続された状態となるため、電力グリッドの安定化に貢献する。さらに、日中に出力抑制が続く太陽光発電の余剰電力の有効な使い道となり、再生可能エ

ネルギー（再エネ）の利用率向上にも寄与する。

DWPTの普及には、DWPTを搭載する全てのメーカーのEVと道路に埋設された送電コイルの互換性確保や、一般・高速道路に送電コイルを埋設する膨大なコストの問題などがあり、時間を要する見通しだが、究極の充電インフラサービスとして期待が尽きない。

全国に展開する「カンモビ」

これまでに言及した最新動向、将来見通しも踏まえながら、関西電力は陸・海・空におけるモビリティ分野の電化や充電インフラの整備を進めており、「カンモビ」を総称としてサービス提供や実証事業を全国で展開している（図表2-4-1）。

陸のモビリティ事業として既に商用化したものは、①法人の私有エリアに、EV車両や充電器などの必要設備、充電を制御するエネルギーマネジメントシステム等を提供する「カンモビ パッケージ」と、②公衆エリアに、予約・

図表2-4-1 「カンモビ」のイメージ

関西電力が提供するモビリティサービス

EVパッケージサービス
法人のお客さま向けにEV車両や充電器などの必要設備、充電を制御するエネルギーマネジメントシステム等を提供

EV充電サービス
公衆エリアに、予約・決済システム等の機能を搭載したEV充電器を設置

相乗り移動サービス
AIを活用し、複数組のお客さまの乗降場所を組み合わせる相乗り移動サービス

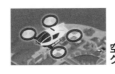

空飛ぶクルマ

EV船

出所：関西電力資料

決済システム等の機能を搭載した EV 充電インフラを提供する「カンモビ チャージ」がある。また、③ AI（人工知能）を活用し、複数組の乗降場所を組み合わせる相乗り移動サービス「カンモビ Move」については、2024 年 8 月より 1 年間、神奈川県箱根町にて実証事業を行う。

さらに 2025 年大阪・関西万博では、④水上旅客輸送を担う水素燃料電池船への、水素充填・電気充電を最適化する設備・エネルギーマネジメントシステム等の実証開発や、⑤空飛ぶクルマへの超急速充電が可能な充電設備等の実証開発をお披露目する。

こうした取り組みを通じて、エネルギーとモビリティが融合した「スマートモビリティ社会」を実現し、モビリティ運行の効率化・脱炭素化に貢献したい。

電脳モビリティX：
モビリティ革命が拓く未来社会

東京電力パワーグリッド株式会社副社長
スマートレジリエンスネットワーク(SRN)代表幹事

岡本 浩

　EV の普及は、モビリティの概念を根底から覆す、まさに「カンブリア爆発」と呼ぶべき大変革の幕開けを告げている。それは単なる動力源の転換にとどまらず、車両の形状や機能を多様化させ、さらには人口減少や環境問題といった社会課題を抱える日本において、持続可能な未来社会を構築する上で極めて重要な役割を果たす可能性を秘めている。

電脳モビリティX（CM-X)とは何か?

　従来の自動車は、内燃機関と４つのタイヤというシンプルな構造に縛られ、その運動能力には自ずと限界があった。しかし、モーターをホイールに組み込むことで、多細胞生物のように各部が独立して機能する「電脳モビリティX」（CM-X: Cybernetic Mobility X）という新たな概念が登場する。

　CM-X は、生物が進化するように、環境や用途に合わせて最適な形状へと自在に変化する。電動一輪車や二輪車、クローラー機構、さらには飛行用プロペラを備えた機体など、生物の形態を超越した多様なモビリティが実現可能となり、私たちのモビリティに対する固定観念を覆すだろう。それは、5億年前のカンブリア紀に多様な生物種が爆発的に出現した「カンブリア爆発」にも匹敵する、モビリティにおける革命的な進化である。

　CM-X は、電気のネットワーク（血管）、通信ネットワークとコンピューター（神経）、アクチュエータ（筋肉）を備え、あたかも生命体のような構造を持つ（図表 2-5-1）。この高度なシステム統合により、完全自動運転を実現し、周囲の環境を正確に認識しながら、他のモビリティや歩行者との安全な距離を保ち、最適なルートで目的地へと向かうことができる。

図表2-5-1 クルマからCM-Xへの変容[1]

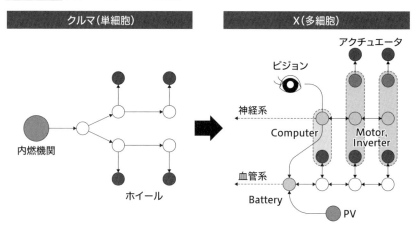

CM-Xが社会にもたらすインパクト

　日本が直面する深刻な人口減少と労働力不足という課題に対し、CM-Xは「群れ」として機能することで、その解決に大きく貢献する。工場や物流現場での自動搬送、農場での収穫作業の自動化、建設現場での資材運搬など、これまで人手に頼っていた作業をCM-Xが担うことで、生産性の向上と労働力不足の解消が期待できる。

　さらに、CM-Xは従来の道路インフラに依存しない移動手段を提供する。歩行型CM-Xは、狭い路地や階段をスムーズに移動し、飛行型CM-Xは山間部や離島へのアクセスを容易にする。また、クローラー走行型CM-Xは、災害時の救助活動やインフラ点検など、過酷な環境下での活躍が期待できる。このように、CM-Xは道路インフラへの依存度を下げ、より柔軟で効率的な社会インフラの構築に貢献する。人口減少の中で維持コストが大きく負担となっている道路インフラの縮小にも役立つと考えられる。

　CM-Xの群れは、指揮者がオーケストラを率いるように、複数のCM-Xを協調制御する「オーケストレーション技術」によって実現する。この技術により、物流用モビリティの隊列走行による輸送効率の向上、地方における鉄

道やバスの代替による交通サービスの維持、農業における収穫や選別作業の自動化による生産性向上など、様々な分野での応用が期待できる。

また、CM-Xは移動していない間も、その計算能力を生かして社会に貢献できる。例えば、睡眠中のCM-Xのコンピューターリソースを活用し、機械学習やブロックチェーンマイニングなどの分散コンピューティングを行うことで、エネルギー消費を抑えつつ、社会全体の計算能力を向上させることができる。

CM-Xと電力グリッドの連携

CM-Xが真価を発揮し、社会に浸透するためには、バッテリーや半導体の技術革新に加え、「電力グリッド」と「デジタルインフラ」の有機的な連携が不可欠である。この連携は、人体における血管と神経の関係に例えることができ、脱炭素化されたエネルギーを余すことなく供給し、膨大な情報を瞬時に伝達する役割を担う。

図表2-5-2 MESH構想[2]

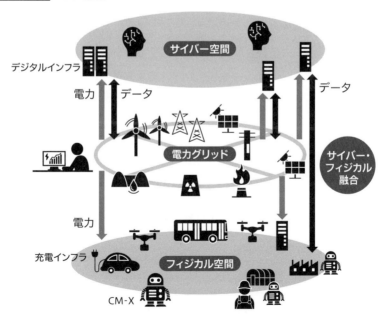

例えば、クラウドコンピューティング技術を活用することで、再生可能エネルギー（再エネ）の不安定な供給という課題を克服できる。太陽光発電の出力が天候に左右される状況下でも、発電量の少ない地域から余剰電力を抱える地域へと瞬時に演算タスクを移行させたり、AIのトレーニングに関わる演算タスクを季節をまたいで移行させたりする（電力余剰が生じる春・秋にトレーニングを強化、供給不足が生じる夏・冬にトレーニングを休む）ことで、電力の安定供給と再エネの最大限の活用を実現できる。

東京電力パワーグリッドが推進する「MESH構想」は、まさにこのエネルギー、モビリティ、デジタルの三位一体の融合を具現化する計画である。MESHは、電力グリッドを介してサイバー空間とフィジカル空間をシームレスに繋ぎ、エネルギーマネジメントを高度化することで、社会全体の安定的な運用を可能にする（図表2-5-2）。CM-Xは、このMESH構想の中核を担う存在として、社会全体の効率化、資源の有効活用、そして脱炭素社会の実現に向けて、極めて重要な役割を果たすことが期待される。

CM-Xが切り拓く未来

CM-Xは、単なる移動手段の枠を超え、社会全体の効率化、資源の有効活用、そして脱炭素社会の実現に向けたパラダイムシフトを牽引する力を有している。技術的課題や法規制、社会インフラ整備など、克服すべき課題は山積しているが、CM-Xはモビリティの概念を根底から覆し、人類の未来をより豊かで持続可能なものへと導く原動力となるだろう。

参考文献

1) Hiroshi Okamoto, "The Cambrian Explosion of Mobility X", ELECTRA N° 333 - April 2024　https://electra.cigre.org/333-april-2024/global-connections/the-cambrian-explosion-of-mobility-x.html
2) 片岡 俊朗、岡本 浩、大野 照男、小林 直樹「需給運用（エネルギーマネジメント）の現状と将来─ 脱炭素社会の実現に向けて─」原子力学会誌　2024年66巻8号 p. 394-399

第 **3** 章

グリッドにおけるEVの価値

3-1 グリッドにとって EVとは何か ——DERとしてのEV

大阪大学大学院工学研究科環境エネルギー工学専攻 准教授

芳澤信哉

▌大きなポテンシャル

カーボンニュートラル [➡ p148] 社会を実現するためには、再生可能エネルギー（再エネ）の主力電源化や産業部門、民生部門、運輸部門における省エネルギー化・電化を推し進める必要があり、エネルギー需要と供給の両面から脱炭素化を考えなければならない。我が国の 2022 年度における CO_2 排出量（10 億 3,700 万 t）のうち、運輸部門からの排出量は約 2 割（1 億 9,200 万 t）を占めており、走行時に CO_2 を排出しない EV は、その高い環境性能により運輸部門の脱炭素化に貢献することが期待されている。加えて、EV は定置型蓄電池（家庭用蓄電池）と比較して電池容量が大きく、外部給電機能を利用することで電力の需給調整やレジリエンス向上などのアンシラリーサービス（電力品質を維持するための補助的なサービス）への活用が期待される**分散型エネルギーリソース（DER）** [➡ p154] でもある。再エネの普及拡大や電力の安定供給、エネルギーマネジメントに資する大きなポテンシャルを有しており、安全性（Safety）、安定供給（Energy Security）、経済効率性（Economic Efficiency）、環境への適合（Environment）を同時に達成する「S+3E」を前提としたエネルギー供給構造や、カーボンニュートラル社会の実現に欠かせない要素である。

▌電力グリッドの課題と展望

電力グリッドは、発電所で発電した電力を住宅やオフィスなどの需要家に届けるための一貫したシステムである。従来の電力グリッドは、原子力・火力・水力発電所などの大規模集中電源が主な電力供給源であり、発電所でつ

くられた電力を送電線や配電線、変電所といった流通設備を通じて需要家に供給することを前提とした運用が行われてきた。このような系統運用により、周波数や電圧、供給信頼性といった電力品質が維持されてきた。

東日本大震災以降、このような大規模集中型の発電所に依存する電力システムから、エネルギー消費の近い地域に再エネをはじめとする発電設備や蓄電池などのDERを分散して設置し、エネルギー供給を行う分散型エネルギーシステムへの転換が進められてきた。エネルギーを消費する地域の近くで発電するため、送電ロスが少なく、エネルギー自給自足の促進や災害時にも

図表3-1-1 電力グリッドとDERの活用例

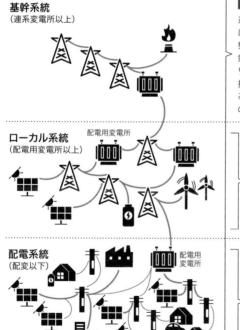

出所：経済産業省 次世代の分散型電力システムに関する検討会中間とりまとめ（2023年3月14日）資料より引用

柔軟に対応できるというメリットがある（図表 3-1-1）。

　一方、太陽光発電や風力発電は出力が天候に左右されるため需要と供給の
バランス調整が難しく、また、DER の多くは配電系統に接続されるため、再
エネの大量導入時において配電系統の混雑（変圧器や配電線の容量超過、空き
容量不足）や電力品質の維持が困難となることが懸念されている。持続可能な
社会の実現や脱炭素化を目指して、再エネの導入拡大や電力需要の省エネ・
電化が推進されており、近年は人口減少などの社会問題も影響し、都市や地
方を問わずエネルギーの利用方法が大きく変わり始めており、電力グリッド
は大きな変革期を迎えている。今後も電力グリッドに導入される DER は増
加することが予想されるため、電力品質の悪化や配電線混雑といった、DER
が電力グリッドに与える影響を解消しながら、再エネの主力電源化と電力の
安定供給を実現する次世代電力ネットワーク構築を進めていくことが重要で
ある。

■ EVが期待される役割

　再エネの導入量が増えることで電力グリッドに発生する課題への対策とし
て、電圧安定化設備の設置や流通設備の容量増加といった設備増強が考えら
れる。しかし、EV の活用によって電力グリッドの設備増強を抑えることが
期待されている。EV に搭載される大容量のバッテリーをエネルギーマネジ
メントや電力の需給調整に利用し、多数の EV を組み合わせて系統運用に参
加させることで、効率的なエネルギー管理が可能となる。このような仕組み
を実現する方法が DR（デマンドレスポンス）[➡ p154] や VPP（仮想発電所）
[➡ p155] であり、我が国においても様々な実証事業が行われている。こうし
た役割、使い方について具体的に見てみよう（図表 3-1-2）。

①ピークシフト [➡ p156]・V1G[※1]

　2050 年カーボンニュートラルに伴うグリーン成長戦略[2)] の中で、「2035 年
までに乗用車新車販売で電動車 100％」「2030 年までに公共用の急速充電器
3 万口を含む充電インフラを 30 万口設置（2023 年 10 月に倍増）」という目標
を掲げ、EV の普及促進と充電インフラの拡充が進められている。EV の充

> **※1 V2X・V2G・V2H・V2B・V2L、V1G**
>
> V2（Vehicle to）は電気の流れが「グリッドからクルマへ」だけでなく「クルマから外部へ」も可能であることを意味する。外部給電先のG（Grid）はグリッド、H（Home）は住宅、B（Building）はビル・工場等、L（Load）は家電機器等で、Xはそれらを総称するものとして使われる。また、V2Lはそこで用いる外部給電器自体を指す言葉でもある。これに対し、V1Gは電気の流れが「グリッドからクルマへ」の単方向であることを表す。

電器は主に配電系統に接続されており、帰宅後や夜間の時間帯に充電が集中し、多数の急速・普通充電器が同時に使用されると、配電線混雑（過負荷）や電圧降下などの問題が発生する可能性がある。一般住宅やマンションなどの集合住宅、商業施設においては、EV充電に伴う契約電力や電力コストの増加が懸念される。

　このような問題に対しては、IoT（モノのインターネット接続）やAI（人工知能）を活用して充電時間が重ならないようにシフトしたり、充電器の出力を抑えたりすることで、電力グリッドの安定化や契約電力の範囲内での充電が可能となる。EVの充電価格に、需要に応じて価格を調整する「ダイナミックプライシング」を適用し、充電需要をシフトする実証事業も行われてい

図表3-1-2 EV・PHEVの貢献の可能性に関して

カテゴリ	ニーズ	貢献の可能性
系統	需給調整（需給バランス確保）	●充放電による調整力供出 ●充（放）電時間のピークシフトによるひっ迫時等の需給調整
配電	電圧調整 混雑緩和／増強回避	●充放電の制御（ピークシフト含む）による電圧調整、混雑緩和／増強回避
小売	電力調達（インバランス回避）	●充（放）電時間のピークシフトによる安価な電力調達
需要家	電気料金削減 レジリエンス	●充（放）電時間のピークシフトによる電気料金削減 ●災害時の非常用電源としての活用

出所：経済産業省 次世代の分散型電力システムに関する検討会中間とりまとめ（2023年3月14日）資料より引用

る（図3-1-3）[3]。日中の再エネの余剰発電時にEVを充電し、電力需要が低い時間帯に充電シフトすることでインセンティブが得られる仕組みにより、充電にかかる電気料金や電力グリッドの増強費用を低減することができる。充電時間シフトや充電出力を管理して電力の需給調整に活用する方策は、V1Gと呼ばれる。

②充放電管理（V2X・V2G・V2H）[※1]とVPP・ローカルフレキシビリティ

電力需要が多い都市と再エネが多く設置される郊外には地理的な距離があり、流通設備を介して電力を輸送する際に配電系統の混雑（送配電線、変圧器の容量超過、空き容量不足）が発生する可能性がある。電力の供給量と需要量は常に同時同量 [➡ p153] でなければならないが、再エネは天候に依存して発電量が変動するため、需給バランスの調整が難しい。配電系統の混雑時や再エネの発電量が電力需要を上回る場合には出力制御（出力抑制）が行われることがあり、こうした出力抑制の回避や需給調整の不安定さを補完するためにEVの活用が検討されている。再エネの発電量が電力需要を上回る場合にはEVに充電し、電力需要が大きい時間帯にはEVから電力供給（放電）させることで、電力需要の平準化や需給バランスの調整に貢献する。このような制御スキームを電力グリッド単位で考える仕組みがVPPである。

図表3-1-3 ダイナミックプライシングによる電動車の充電シフト実証事業

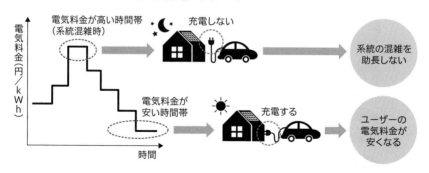

出所：経済産業省「需要家側エネルギーリソースを活用したバーチャルパワープラント構築実証事業費補助金（2）ダイナミックプライシングによる電動車の充電シフト実証」概要説明資料、https://www.meti.go.jp/main/yosangaisan/fy2020/pr/en/shoshin_taka_04.pdf

図表3-1-4 VPPのイメージ

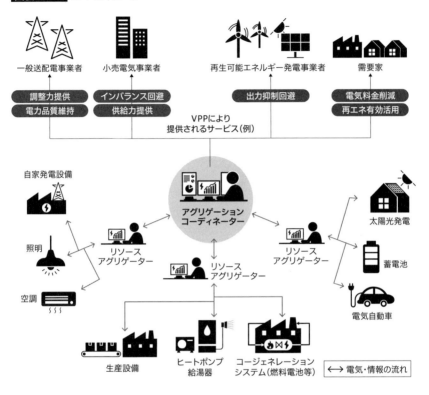

出所：経済産業省「エネルギー・リソース・アグリゲーション・ビジネス・ハンドブック」https://www.enecho.meti.go.jp/category/saving_and_new/advanced_systems/vpp_dr/files/erab_handbook.pdf

　VPPでは複数のDERを統合して1つの発電所のように運用することで、電力需要をシフト、あるいは創出し、電力需要の平準化や配電系統混雑時における**再エネ出力抑制**[➡ p152]を回避することができる。EVを含むDERが持つ系統貢献ポテンシャル（フレキシビリティ）をうまく活用することで、再エネの主力電源化と系統混雑に伴う設備増強コストの抑制といった課題解決だけでなく、再エネが導入された地域におけるエネルギーの地産地消をも促進し、エネルギー自給率の向上、エネルギー輸送コストや配電損失の削減も期待できる。

③HEMSとレジリエンスの向上

　EV には外部給電機能が備わっており、電力を蓄えるだけでなく、蓄えた電力を家庭やオフィスに給電（放電）することができる。家庭単位でエネルギー管理を行う仕組みがホームエネルギーマネジメントシステム（HEMS）であり、EV や家電機器を適切に制御し、省エネ化や電力コストの低減を目的とした家庭内の最適なエネルギー需給を実現する。

　また、EV の電池容量は定置型蓄電池（家庭用蓄電池）と比較して大きいため、停電時にはバックアップ電源として数日分の電力消費を賄うことができ、レジリエンス向上に貢献する。2019 年の「令和元年房総半島台風（15 号）」の影響で発生した千葉県大規模停電では、EV が非常用電源として提供され、避難所等では外部給電機能（車載コンセント、V2L）を活用して電力供給が行われた。[4] また、太陽光発電や充放電器（V2H）と組み合わせることで完全自立運転も可能となる。[第 5 章参照]

┃EVポテンシャルへの期待

　最後に、大学での取り組みを紹介したい。

　上述したように、EV と電力グリッドとの関わりは非常に大きく、再エネの主力電源化や電力の需給調整、エネルギーマネジメントにおいて EV は重要な役割を担う。しかし、EV 普及時には配電線混雑等の様々な問題が生じる可能性が懸念されているため、電力グリッドに対する EV の影響を評価し、EV がどの程度、電力グリッドの運用・管理に貢献できるか（EV ポテンシャル）を把握することが重要である。

　このような課題に対して、大阪大学ではスマートフォンによる位置情報ビッグデータ（流動人口データ）を用いて、EV の走行や充放電挙動の模擬、および EV ポテンシャルの推定に取り組んでいる。[5] 流動人口データを利用することで、都市に暮らす人々の生活や自動車の利用特性（走行距離、到着時間など）が反映され、それぞれの地域特性に合わせた EV ポテンシャルを推計できる（図表 3-1-5）。これらの推計結果は電力グリッドの効率的な運用だけでなく、EV 普及に向けた普通・急速充電器の適切な配置やインフラ整備への活

図表3-1-5 EV充電電力推計結果（市区町村単位）

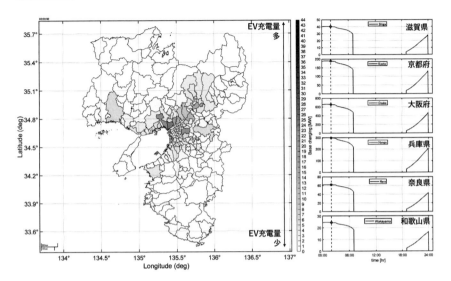

用も大いに期待できると考えている。

　EVはカーボンニュートラルの実現に向けて不可欠な要素であり、EVの普及と活用は、持続可能な社会の構築に大きく貢献するだろう。

参考文献

1) 環境省：「2022年度の温室効果ガス排出・吸収量（詳細），CO2の排出量（電気・熱配分後）」，https://www.env.go.jp/content/000216816.pdf
2) 2050年カーボンニュートラルに伴うグリーン成長戦略，https://www.meti.go.jp/policy/energy_environment/global_warming/ggs/pdf/green_honbun.pdf
3) 一般社団法人環境共創イニシアチブ：「令和4年度 ダイナミックプライシングによる電動車の充電シフト実証事業」，https://sii.or.jp/dp04/
4) 日産自動車株式会社、令和元年台風15号 千葉県大規模停電における日産自動車の支援について、2019/10/09, https://ev2.nissan.co.jp/BLOG/186/
5) 芳澤信哉：「流動人口データを活用した電気自動車の充放電ポテンシャル推計」，電気学会誌，Vol.143, No.9, pp.568-571, 2023.

3-2 電力システムの脱炭素とEV
―求められるWIN−WIN革命

大阪大学大学院工学研究科ビジネスエンジニアリング専攻 招聘教授

西村 陽

■日本の電力システム改革の失敗

　EVの普及が進む2020年代は、2011年以降の電力政策がある意味「裏目」に出て、日本の電力システムが危機に陥った時期とちょうど重なっている。どういうことなのか、確認してみよう。

　1990年代後半から、日本は電力自由化に大きく舵を切った。従来は規制の枠組みの中で大手電力会社が独占的に担っていた発電部門、小売部門に競争を導入し、効率化・活性化を図る狙いがあった。しかしながら、十分かつ安定的なエネルギー確保が国家安全保障上、極めて重要なテーマであることを忘れてはならない。特に日本は、火力発電燃料のほぼ全量を輸入に頼るような資源小国だ。こうした課題に対応しながら電力自由化を推進するため、当初の10年余りは既存の大手電力会社の体制を維持しつつ、新たなプレーヤーが参入できる範囲を徐々に広げていく漸進的な制度改革が行われた。

　この流れが一変したのは2011年の東日本大震災以降である。震災では太平洋岸を中心にいくつもの大規模発電所が被災して発電能力を失い、関東エリアで計画停電が行われた。さらに、原子力発電所で深刻な事故が発生したこともあり、電力システムや自由化のあり方に対して批判が強まった。これを受けて政府は、極端な競争促進と、再生可能エネルギー（再エネ）の導入拡大を同時に進める政策を打ち出した（2012年の**電力システム改革**［➡p149］）。再エネには、新たに創設した**FIT（固定価格買取制度）**［➡p151］で高額な補助金を出すことにした。

　極端な競争促進策とは、小規模なプレーヤーを優遇するための実質的な**非対称規制**[※1]を指す。電力自由化が先行した諸外国には見られないもので、例え

※1　非対称規制

　支配的事業者に小売価格の設定などの行動を自由にさせないことにより、競争活性化を促す手法。日本の情報通信産業自由化において、日本電信電話（現NTTグループ）に対して行われた小売価格の値下げ規制、卸通信役務の提供規制等は、競争促進や新規事業者育成に一定の効果をあげた。

※2　継続的な限界費用での市場投入

　限界費用とは、生産量を1単位（電力なら1kWh）増やすのにかかる費用のことで、主に火力燃料費を指す。日本では電力各社の自主的取り組みとして、限界費用で卸電力取引市場に入札することが実質的に義務付けられた。発電所を持たない新電力が電気を調達しやすくなる一方、発電所で固定的に発生する費用（人件費、諸税等）が回収できないことに懸念の声が上がった。

ば、大手電力会社に卸市場で安く売ることを求めた（**継続的な限界費用での市場投入**[※2]）。こうした政策は一定の成果を上げ、2016年には小売部門の自由化範囲が一般家庭を含むすべての電力ユーザーに拡大。様々な業界から新規参入が相次ぎ、競争は激化していった。

　その一方、発電事業を取り巻く環境は悪化の一途をたどった。2017年頃から発電用燃料の輸入価格が大きく下落したことに伴い、卸市場での売電価格も下がり、収益性が低下。また、東日本大震災以降、節電行動が広く社会に定着したことや、FITで特に優遇された太陽光発電が急速に普及した影響で、発電市場は縮小していった。既存の火力発電設備は軒並み稼働率が下がり、存続が危ぶまれる状況となった（図表3-2-1）。

　電力自由化を健全に進めるには、十分な供給予備力率（最大需要に対する発電能力の余裕度）を維持することが大前提となる。だが、発電事業への逆風によってその大前提は崩れていった。国内発電能力の大半を有する大手電力会社では2016年度以降、年平均400万kWを超える規模の発電所が閉鎖された（図表3-2-2）。供給予備力率が低下した結果、日本の電力システムは発電用燃料（特に天然ガス）の価格高騰や、酷暑・厳寒に伴う電力需要の急増などへの対応力が損なわれてしまった。曇りや雨・雪の日、夜間には供給力として期待できない太陽光発電が大量に導入されたことも、需給安定化の面ではマ

図表3-2-1 発電事業の不採算化と発電所の閉鎖

2008年は燃料高で電力需要も旺盛だったが2014年は燃料安で需要も減少しており、需要曲線が左にシフト。発電会社の収入は激減し、火力発電所の閉鎖が相次いだ

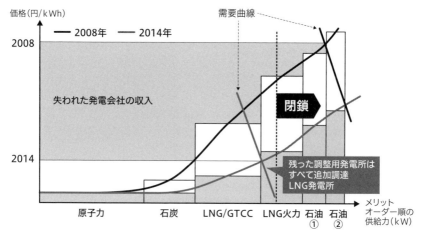

出所：西村・穴山・戸田「未来のための電力自由化史」(2021年)

図表3-2-2 小売全面自由化後の火力発電所の廃止実績

2016年度以降、大手電力の保有する火力発電所は、LNGと石油等火力を中心に、毎年度200万〜700万kW廃止されている（平均約400万kW）

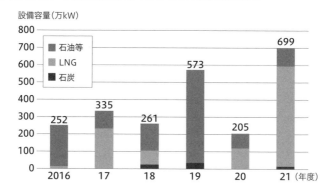

出所：総合資源エネルギー調査会 電力・ガス事業分科会 第54回電力・ガス基本政策小委員会(2022年10月17日)資料4-1より作成

イナス要素となった。

こうした状況を踏まえ、政策当局の経済産業省は2024年現在、電力システム改革の検証と同時に、電力システムを補強するいくつかの制度設計に着手している。その中でも重要視されるのが、**分散型エネルギーリソース（DER）**［→p154］を活用する分散型電力システムの構築だ。そして、一般の電力ユーザーが持つ最大級のDERがEVであることは前述したとおりである（図表3-2-3）。

電力システムの脱炭素化と分散型電力システム

供給予備力率の低下と並び、電力システムが抱えるもう一つの大きな課題が脱炭素化だ。日本の全産業の中で、電力セクターはCO_2排出の3分の1近くを占める。政府はGX［→p148］実行計画において、電力供給に関しては発電時にCO_2を出さない再エネの大量導入と原子力発電の立て直しを、需要側ではそれらの電気を最大限に活用する電化の促進を掲げている。

しかし現状では、地域の電力需要を上回る再エネの発電を抑制しなければならない「出力抑制日」が、九州エリアをはじめ全国的に増える傾向にある（再エネ出力制御［→p152］）。2023年度、九州エリアでは100日を超え、需要規模の大きい関西エリアでも8日を数えた。国内発電量に占める再エネ比率がまだ20%台であることを考えると、こうした出力抑制の問題がさらなる再

図表3-2-3 電力制度・市場改革の課題と解決策

キーファクター (再エネ大量導入によって 起きた課題)	再エネ（先進国では類を見ない太陽光偏重） ▶前日段階での出力予測が極めて困難 ▶優先給電されるので火力発電が不稼働化 ▶各地域で「再エネ＞需要」の出力抑制日が急増（ボトルネック化）

起きた課題の解決策

同時市場	脱炭素電源オークション	分散型電力システム
限られた供給力を再エネバランシング・需給調整力確保と電力量取引で最適分配	稼働が不確実化する火力電源等を更新・脱炭素化するための制度（小売負担）	再エネ吸収が可能なDER（分散型エネルギーリソース）の拡充、活用を推進

EV活用も大きな鍵

図表3-2-4 「出力制御対策パッケージ」の需要サイド

出力制御対策パッケージにおける需要面での対策について、家庭・産業分野それぞれに
予算・制度的措置を講じることで、相乗的に効果を発揮する仕組みとする。

	予算措置	制度的措置	
家庭 (低圧)	▶ヒートポンプ給湯機の導入支援	省エネ法に基づく機器のDR ready化促進(省エネ小委で議論中)	出力制御時間帯の需要を創出する取組等として、小売事業者による情報提供・サービス提供を促す取組の推進(省エネ小委で議論中)
	▶家庭用蓄電池の導入支援		
産業 (特高・高圧)	▶系統用蓄電池等の導入支援 ▶事業者用蓄電池の導入支援 ▶事業所設備の出力を遠隔制御できる機能の追加を支援	電気事業法の改正で位置づけられた特定卸供給事業者(アグリゲーター)の業界団体を設立。当該団体を通じて予算の活用を推進	省エネ法に基づく、大規模需要家のDR実績の定期報告義務

出所:総合資源エネルギー調査会 第49回系統ワーキンググループ(2023年12月6日)資料1より作成

エネ導入、ひいては電力システム全体の脱炭素化を目指す上で障壁となることは明らかだ。電気が余ったら、エリアをつなぐ送電線(連系線)を増強して関東・関西といった大需要地に送り込む方法も考えられるが、その関東・関西でも太陽光発電は増え続けている。さらに、CO_2フリーで安定した出力が期待できる原子力発電の再稼働が進むほど、再エネの電気を受け入れられる余地は減る。このままでは出力抑制日が増えることになり、投資が回収できないリスクが高まれば、再エネの新規開発は停滞すると懸念される。

こうした事態を打開するには、当面の中心的な再エネと位置付けられる太陽光発電が行われる昼間に、他の時間帯から電気の需要をシフトさせる**再エネバランシング**[➡p152]が有効だ。経済産業省・資源エネルギー庁は、図表3-2-4のような需要側での再エネ出力抑制対策を打ち出している。

エネ庁はこれらの施策に関連して、蓄電池の普及に関する検討会や、再エネの電気が余る時間帯にヒートポンプ給湯機を稼働させるための「**DR ready (DR レディー)**」[➡p155]の勉強会を立ち上げている。再エネバランシングを進めるには、DERの普及と、再エネ余剰をうまく利用する工夫が要る。こういった、供給に見合うように需要を作り出す手法を「上げ**DR**」[➡p154]と呼ぶ。将来的にEVは上げDRの主力になると見込まれる。

> ※3　当日電力市場（イントラマーケット）
>
> 　日本の卸電力取引は、前日時点で売り札と買い札を集めて価格と約定量が決まる一日前市場が中心。世界的には、当日の天候で発電量が決まりやすい再エネの増加につれて、当日の売り買いが中心の当日市場の規模が大きくなる傾向がみられる。欧州ではイントラマーケット、日本では時間前取引市場と呼ばれている。

市場を活用した再エネの吸収と最適化

　日本と違って国際連系線に恵まれ、再エネの電気を広域で吸収できる欧州では、価格メカニズムを取り入れながら経済合理的に需要をコントロールする取り組みが進んでいる。風力発電が急速に拡大した2010年代以降、再エネの出力が確定する当日に取引を行う電力市場「**イントラマーケット**」※3が活況となった。そして、蓄電池、EV、電気温水器、バイオガス自家発電といった需要側機器の利用・稼働を、市場価格の変動に合わせてシフトさせ、最適化する手法が広まった（図表3-2-5）。

図表3-2-5 欧州の再エネバランシングとEVスマートチャージング

欧州では風力で増えた電気をうまく使うため、EV、蓄電池、バイオガス発電機等を集めて市場取引する脱炭素ベンチャーが目覚ましく活躍している。

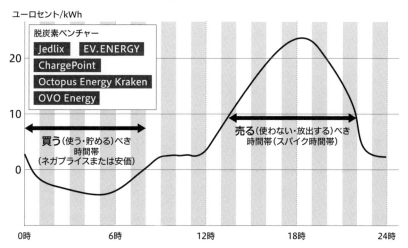

この図を見ると、風力発電が需要を上回る深夜に電気を使う・貯めるという動きをすれば、非常に低い価格、場合によってはマイナスの価格で電気を手に入れることができる。逆に価格が高くなる夕方は充電しない、または発電・放電して市場に電気を売ることでメリットが得られる。これが「スマートチャージング」と呼ばれる手法だ。主な担い手は自動車業界でも電力業界でもなく、最適充電ソフトウェアを提供するアプリ開発ベンチャーたち。Jedlix、EV.ENERGY、ChargePoint、Octopus Energy Kraken、OVO Energy 等で、数学・データ・ソフトウェアといった分野のエンジニア集団から始まったケースが多い。EV やエネルギービジネスの出身でないにも関わらず、充電最適化を通じて EV 関連ビジネスの"つなぎ役"を果たしている点は大変興味深い。

EV 充電と再エネ・電力市場のマッチングという視点は、日本にとっても有用だ。日本では、昼間は高く、深夜は低く設定する電気料金が浸透している特殊事情はあるものの、欧州の事例を参考にしながら充電最適化について真剣に考えないといけない。

その際、課題の一つとなるのが、EV の BMS（バッテリー・マネジメント・システム）と外部システムが接続するための通信規格、ルール作りだ［第2章参照］。そうした環境が整えば、電力の市場価格に応じて、または送配電ネットワークからの信号に基づいて充電・非充電、放電を最適な形で制御することが可能になる。電力システムはその安定化・脱炭素化に EV の力強いサポートを得られ、EV は商品としての魅力とユーザーメリットを高めることができる。このような WIN―WIN の関係こそが、EV ×グリッド革命が目指す姿といえるだろう。

▍配電ネットワークにおけるEVの最適活用

2024 年現在、日本の送配電ネットワークは空き容量を有効活用するルールも取り入れ、再エネの電気を優先的に受け入れるように運用されている。ただ、既存のネットワークは、必ずしも再エネの大量導入を想定しながら構築されてきたわけではない。この先も増え続ける再エネの電気をすべて受け入れ

図表3-2-6 国の再エネ出力制御ルール

出力制御には、❶エリア全体の需給バランスによるものと、
❷個別の送変電設備（基幹系統、ローカル系統）の容量によるものが存在。

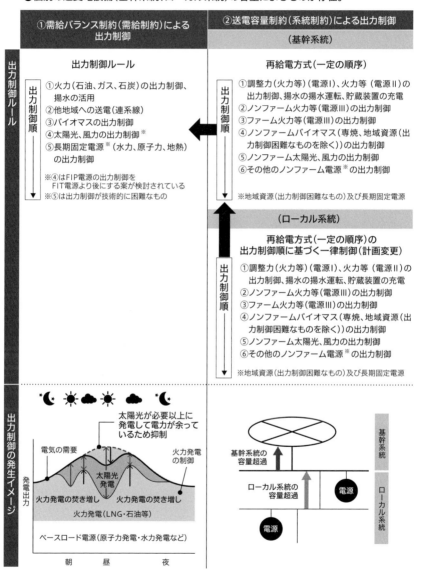

出所：総合資源エネルギー調査会再生可能エネルギー大量導入・次世代電力ネットワーク小委員会（第48回）
資料1『電力ネットワークの次世代化』より引用

ようとしても、ネットワークを構成する設備に電気を流せる容量は限りがある。再エネが接続する配電線の電圧を適正範囲に保つ電圧安定化装置（SVC/SVR）を導入するなどの対策も講じて、できるだけ出力抑制に至らないように努めているが、いずれ限界が来るだろう（図表3-2-6）。

　例えば配電ネットワークの場合、吸収しきれない電気は電圧を上げて送電ネットワークに送り込まないといけなくなる。そのための設備投資が必要となれば、ネットワーク利用料金（託送料金）に反映されることになる。日本と同じレベニューキャップ制度［➡ p151］を採用している英国やドイツでは、制度を導入したタイミングが2010年代の再エネ急増期と重なっていたこともあり、10年足らずで託送料金が2倍近くに上昇した。

　そうした事態を避けるには、配電ネットワークを流れる電気が過大にならないように、DERを配置して電気を吸収することが重要になる［第3章－3参照］。太陽光発電が活発な時間帯にEVや蓄電池に電気を貯める、あるいはヒートポンプ給湯機を稼働させて需要を増やす、といった方法で電気が余らないようにすれば、送電ネットワークに送り込む必要はない。EVに関しては欧州のようなスマートチャージングが有力な方法だ。再エネは天候や季節、時間帯によって発電量が変化するので、その点をどう設定していくかは重要な検討課題となる。

3-3 グリッドの課題と EVの活用可能性

関西電力送配電株式会社 フロンティアラボ所長

竹田圭一

■軸足は建設から運用へ

　一般送配電事業者 [➡ p150] のミッションは発電された電気をお客さまに
お届けすることである。そのために必要なグリッドを建設・維持することと、
そこに流れる電気をコントロールするという大きく2つの役割を担ってい
る。また、電気をコントロールすることには、供給エリア全体でお客さまが
使う電気の量（需要）と発電する電気の量（供給）を一致させる「需給運用」
と、流れる電気の量を各送配電設備の許容範囲内に収めるよう送配電ルート
を調整する「系統運用」がある。

　これまでは、特定の地域に計画的に建設された大規模な発電所からお客さ
まへ一方通行に電気が流れており、それに見合ったグリッドを計画的に構築
し維持することが中心だった。一方、再生可能エネルギー（再エネ）は導入
される地域や規模、発電のタイミングが様々であり、しかも基幹系統から配
電系統までのグリッドのあらゆる地点に接続され、分散的な普及が進む。ま
た、発電量が天候に左右されるものが非常に多い。その結果、電気の流れも
その時々で様々な様相を見せ、将来どのような状況になるのかは不透明とな
っており、まさにグリッドも VUCA（変動性・不確実性・複雑性・曖昧性）の
時代に突入していると言える。

　カーボンニュートラル [➡ p148] を実現していくためには、再エネの導入量
を増やし、グリッドに接続された再エネを最大限に活用する必要がある。こ
うした状況の中で、電気の流れ・量をコントロールする一般送配電事業者の
役割は今後さらに大きくなり、事業の軸足は計画的な設備建設から設備運用
へシフトすることになる。そこでカギを握るのが蓄電池、EV をはじめとす

る分散型エネルギーリソース（DER）［→ p154］だ。

変化する需給運用、系統運用

　従来の需給運用は、供給エリア全体の需要に合わせて原子力発電や水力発電をベースロード電源として運用し、需要の変動に対して火力発電や揚水発電の出力を調整することで需要と供給を一致させてきた。ところが、太陽光発電や風力発電といった天候次第で出力が変わる再エネが多く接続されると、需要の変動とは関係なく発電量が増減する。DER は、その時間的・量的なズレを埋めるための調整力として期待されている。

　今後、再エネの普及拡大が進み、こうした時間的・量的なズレが大きくなっていく中でカーボンニュートラルを実現するには、DER を最大限活用するとともに、DR（デマンドレスポンス）［→ p154］で需要を再エネの発電に追随させたりするなど、あらゆるプレイヤーが同じ方向に向かって取り組みを展開していくことが重要となる。

　次に系統運用である。電気は、発電所から送電・変電・配電の各送配電設備を通ってお客さまの元に届く。ただし、各設備に流せる電気の量には限界があり、また、お客さまが電気を使う際の電圧を規定の範囲に収めるなど、一定の品質を確保することが必要だ。従来は前述の通り、大規模な発電所から需要場所まで電気の流れは一方通行で、その量はおおむね想定できており、適切な品質を保てるようにグリッドを構築してきた。ところが、様々な地点で様々な再エネが接続・発電するに伴い、その発電量が増えるとともに電気の流れが双方向に変わってきた。

　既に構築された各設備のキャパシティーの範囲内であれば問題はない。しかし、再エネには適地があるため、導入・接続量は地域による偏りが生じ、場所によってはキャパシティーを超えてしまう状態、いわゆる系統混雑が発生し、グリッドの増強が必要となる。これに対して、再エネ発電のタイミングに需要をシフトしたり、再エネが停止したタイミングで DER から放電したりすることで、系統混雑を解消し設備増強を回避することが検討されている。こうした対策はローカルフレキシビリティと呼ばれている。

図表3-3-1 一般送配電事業者におけるDER管理イメージ

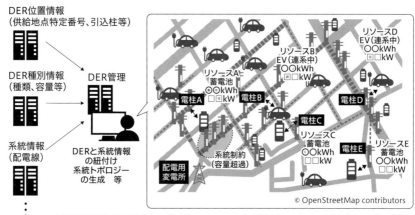

出所：経済産業省 第4回次世代の分散型電力システムに関する検討会（2023年1月18日）資料5 を一部抜粋・加工

　系統混雑が発生するのは、再エネが設備のキャパシティー以上に発電している箇所だけであり、混雑解消のために稼働させるべきDERは効果が期待できる場所に接続されているものに限定される。すなわち、ローカルフレキシビリティを効果的に機能させるためには、それぞれのDERがグリッドのどこに接続されているかを管理する必要がある（図表3-3-1）。このように、電力系統全体の需給バランスと局地的なオーバーフローについて、DERをうまく管理・制御して運用していくことが重要になる。

設備増強とEV活用の組み合わせ

　再エネの普及が進み、大量にグリッドに接続されると、需給運用面では、需要と供給が時間的にズレる量はますます大きくなる。系統運用面では、時間的・地理的にズレる量も大きくなる。これらのズレが大きくなればなるほど、補完するのに必要なDERの量も多くなる。系統用蓄電池などは性能や規模の面で有効なDERの一つであり、その活用は必要不可欠だ。その一方、既にあるものや別の目的で導入されたものを有効活用することでトータルの社会コストの増加を抑制するという視点も重要である。その有力なものの一

つがEVだ。運輸部門のカーボンフリー化や個人の環境意識の高まりなどでEVへの転換が進めば、電力系統とは別の文脈で蓄電池が世の中に増えていく。定置用蓄電池と車載用蓄電池の普及見通しは色々な場面で示されているが、車載用蓄電池の方が普及量は大きいと想定されている（図表3-3-2）。これをうまく使わない手はない。EVの所有者、自動車メーカー（OEM）、充電器メーカー、**アグリゲーター**［➡ p156］、送配電事業者と多岐にわたる関係者が協調することで効果的な取り組みが進み、持続可能なカーボンニュートラルの未来へ進むことができる。

　最後に、EVを含むDERの活用だけでカーボンニュートラルが実現できるかといえば、そこはよく考える必要があるだろう。再エネの普及の仕方によっては、DERを活用してもグリッドのキャパシティーを超えることが十分にあり得る。再エネ普及の現状と見通しを踏まえながら、グリッドの増強とDERの活用をうまく組み合わせていくことが重要だ。状況に応じた効果的な取り組みを見極め、カーボンニュートラルの実現に貢献することが、送配電事業者にとってこれからの大きな課題である。

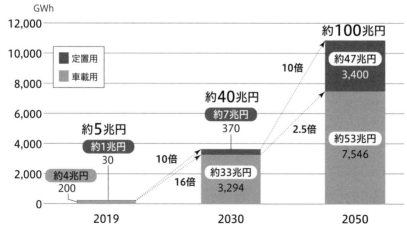

図表3-3-2 蓄電池の世界市場の推移（定置用蓄電池と車載用蓄電池の普及見通し）

出所：経済産業省 GX実現に向けた投資促進策を具体化する「分野別投資戦略」とりまとめ（2023年12月22日）参考資料（蓄電池）

3-4 NEDO FLEX DERから見る次世代配電網とDER

早稲田大学研究院教授・スマート社会技術融合研究機構事務局長
NEDO FLEX DERプロジェクトリーダー

石井英雄

▌再エネ受け入れ最大化へ

　新エネルギー・産業技術総合開発機構（NEDO）において、「電力系統の混雑緩和のための分散型エネルギーリソース制御技術開発（FLEX DER プロジェクト）」が進行中である。本プロジェクトは、第6次エネルギー基本計画で示された「再生可能エネルギー（再エネ）の主力電源化」に向け、系統の増強と並行しながら既存系統を最大限活用するために 2022 ～ 2024 年度の期間で必要な技術開発に取り組むものだ。

　具体的には、**分散型エネルギーリソース（DER）**［➡ p154］を積極的に制御し、電力系統（グリッド）の混雑を緩和することにより、太陽光発電を中心とする再エネの導入拡大に資することを目指す。再エネに起因して混雑が生じる配電用変電所等に対して、DER の稼働状況を把握しながら、DER を制御して需要をシフトすることにより、再エネの出力制御を回避しつつグリッドの混雑を緩和することを可能とする DER フレキシビリティシステムの要求仕様をとりまとめる。また、「DER フレキシビリティ活用プラットフォーム（DER PF）」のプロトタイプを製作し、実フィールドならびに工場において実証を行うとともに、標準的な業務フローや通信仕様の確立に取り組む。

　活用が期待される DER は、配電系統や需要家に設置される蓄電池、ヒートポンプ式給湯機、そして普及拡大が見込まれる EV だ。その他、工場の生産設備、蓄熱システムなど通常の負荷設備も対象となる。さらに、データセンターのデータ処理に係る電力負荷も、今後期待される柔軟な DER として視野に入ってきた。DER はすべて本来の目的がある。それを損なわずに、可能な範囲で最大限活用できるようにするための仕組みを作り上げていくこと

が求められる。DERと有機的に結びつき、再エネの受け入れを最大化できる柔軟な次世代グリッドを構築することが本プロジェクトの目標だ。

DERの電力系統運用への活用は、既にアグリゲーションビジネスとして定着している。**アグリゲーター** [➡ p156] が複数のDERによる需要の抑制量を束ねて、卸電力市場での取引、厳気象等に対応するための予備電源（電源I'＝イチダッシュ）、**需給調整市場** [➡ p156] における調整力に供出しており、また、小売事業者との相対契約で提供している。これまでのDERの活用は、グリッド全体における需給バランスを極力経済的に実現するためのものである。

■ DERを募集してマッチング

一方、FLEX DERが解決を目指すのは、再エネが大量に導入されて下流から上流に電気が流れる逆潮流が生じ、従来とは電気の流れる方向と量が変わることによって、配電用変電所やその上流の送電線で電流容量の上限を超過してしまう問題（系統混雑＝グリッド混雑）である。その対策として、設備を増強し電流容量を格上げすることが考えられるが、大きな投資が必要となる。そこで、グリッド混雑が発生する際に、DERの活用、すなわち蓄電池やEVへの充電、給湯機など蓄熱機器への蓄熱等によって逆潮流の電気を吸い込み、混雑を解消することを考える。設備増強は、一部の時間帯で発生する混雑に対応する手段としてはもったいない方法だ。他の用途のために存在するDERを、限られた時間だけ混雑解消のために活用する方法は、非常に効果的なシェアリングエコノミーといえる。

課題となるのは、DERには本来の導入目的があることだ。蓄電池であれば**ピークカット** [➡ p156] による基本料金の低減や市場での電力取引による収入、EVは車としての利用、給湯機では湯切れのないお湯の提供等、主要な用途を妨げないことが重要である。また、混雑解消を行う主体の**一般送配電事業者** [➡ p150] が、活用可能なDERが系統のどこに接続されているかを把握できることが必要で、これは従来の需給バランスのためのDER活用にはなかった新しい要求事項である。

図表3-4-1 DERからのフレキシビリティ提供による系統混雑緩和イメージ

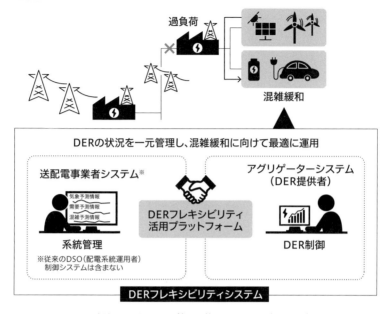

出所：NEDOホームページ(https://www.nedo.go.jp/activities/ZZJP_100237.html)

そうした課題に対応するのがDER PFだ。後述する募集によって利用可能となったDERの情報を登録しておき、一般送配電事業者はその情報に基づいて必要なDERを活用できる。登録される情報は、DERの種別、供出できる電力量、グリッドに接続される場所等である。DER PFはDERの"マッチングサイト"に当たる。イメージを図に示す（図表3-4-1）。

業務フローとルール

DERによる系統混雑緩和を実現するには、一般送配電事業者が必要なDERを確実に活用できることを担保するための業務フローとルールが必要だ。変電所や送電線等グリッドの増強には最大5年程度の期間を要し、その代替としてDERを活用して混雑を解消することを然るべきタイミングで決定しなければならない。このため、一般送配電事業者は混雑発生が見込まれる場合にDER調達の可能性、つまりDERとその提供者が存在するかどう

かの検討を開始する必要がある。具体的には、系統混雑状況を想定してDERの調達量を定め、DERの募集を開始する。そしてあるタイミングで調達するDERを決定し、アグリゲーターを介して契約を結ぶ。混雑発生時にはDERの動作を要求し、動作の検証後、精算を行う。アグリゲーターへの支払い対価は、契約時点からDERを確保しておくための待機に対するものと、実際のDERの動作量に対するものの2種類が考えられる。DERが指定の動作をしなかった場合は、アグリゲーターが一般送配電事業者に対しペナルティを支払うことが想定される（需給調整市場等と同様）。この場合のバックアップとして、太陽光発電の出力制御等を行うことで容量超過を起こさないようにするセーフティーネットを発動できる仕組みを導入することが検討されている。

　こうした一連のフローにおいて、一般送配電事業者とアグリゲーターは互いに必要な情報をDER PFを介して授受するが、各プロセスにおいて必要なデータがそろうように、手順やタイミングを規定する必要がある。本プロジェクトではDER PFを試作し、実際のフィールドを用いて、DERが所望の動作を実行できるか、これによる混雑解消が想定通りか、セーフティーネットが機能するか等、業務フローとシステムの検証を行う。併せて、既存のアグリゲーターシステムとのデータ連携も考慮した通信仕様の策定、実フィールド試験ではカバーできないケースに関してのシミュレーションによる効果評価、アグリゲーター関連のシステム仕様の策定、経済性評価等を行う。

▎EVの柔軟性をうまく活用

　本プロジェクトの結果を基に、募集開始からDER約定、発動までのタイミングやDERに求める要件（応動に許容する時間など）の詳細が検討されていく予定である。また、DER PFは誰が保有・運用するのか、系統全体の需給バランスと局所的な混雑緩和に対応するDERの活用をどのように最適化するか等の検討も必要である。

　EVはFLEX DERの有望なリソースだ。混雑が発生する状況では電気が余剰になっており、充電を必要とするEVとは親和性が高いといえる。しか

し、EV は系統に常に接続されているわけではないし、接続場所が変わり得ることは他のリソースにはない特徴だ。本プロジェクトでは、EV の日々の使われ方の実態に即した活用についても考察を進めている。EV の性格をポジティブに捉えれば、充電をしてほしい場所に誘導できる可能性があり、場所が固定されている DER に比べて柔軟性が高い。この特性を生かすには、グリッド混雑情報と地点ごとの充電プライスをリアルタイムに示して EV 利用者の行動変容を促し、混雑緩和に貢献してもらう方法が浮上する。日本における EV の本格普及はこれからであり、FLEX DER の視点も広く取り入れた充電インフラの整備が行われることを期待している。

EVグリッドワーキンググループに参加して

トヨタ自動車株式会社 電動先行統括部チーフプロフェッショナルエンジニア

高岡俊文

2023年度、経済産業省主催の「EVグリッドワーキンググループ（WG）[1]」に自動車メーカー（OEM）として参加した。電動車を含めた分散型電源の活用はCO$_2$排出量や電力コストの低減効果を期待できるが、個別の業界だけでは成立せず、電力・送配電業界、電力**アグリゲーター**［➡p156］、充電インフラ業界、電動車ユーザーなど多くのステークホルダーの合意形成が必要である。

OEMとしての参加経緯

現在、**カーボンニュートラル**［➡p148］の達成はOEMとしても必須の開発項目となっている。各OEMは自動車の製造、使用、廃棄等、各プロセスでのCO$_2$低減技術を開発している。車両自体の燃料消費や電力消費を改善する「Tank to Wheel」のCO$_2$低減技術の開発は、その代表例である。同時に、自動車のエネルギー源である燃料や電気の製造プロセスにおけるCO$_2$低減は、車両の「Well to Wheel」のCO$_2$を低減する上で非常に重要である。特にBEV・PHEVのように電気を動力源とする車両は、走行中にCO$_2$を排出しないが、発電時のCO$_2$排出が多い国・地域ではその効果が薄れてしまう。

発電時のCO$_2$低減については電力業界を中心に様々な方式が開発されている。その一つであり、近年普及が進む太陽光や風力などの再生可能エネルギー（再エネ）は、発電時にはCO$_2$を発生しないが、電力の需給調整や配電系統の混雑緩和が必要になるなどの課題がある。この課題解決のために専用のエネルギーストレージ（蓄電）機能を持たせることは、そのコスト負担やバッテリー製造時のCO$_2$発生といった新たな課題を生む。

自動車の本来の目的は走行することにあるが、特に個人所有の乗用車にお

いては、走行時間に対して駐車時間が圧倒的に長いという特徴を持つ。これは BEV・PHEV でも同様で、駐車中にエネルギーストレージとしての新たな機能を持たせることや、電力需要のピーク時には家庭への給電（V2H=Vehicle to Home）、グリッドへの給電（V2G=Vehicle to Grid）も可能である。

このように BEV・PHEV を電力システムの一部として活用することにより、発電時の CO_2、すなわち「Well to wheel」の CO_2 を低減できる「EV グリッド」については、世界各国で開発やルール整備が進んでいる。ただ、グリッドに関係するステークホルダーは多岐にわたり、OEM だけでは成立し得ない社会システムと考える。このため、EV グリッド WG に応募・参加し、多くのステークホルダーの方と意見交換させていただいた。EV グリッド WG での議論は原則非公開となっているが、本稿では OEM として共有した内容をいくつか紹介したい。

BEV・PHEVの将来普及予測

BEV・PHEV の台数が将来どれぐらいの数になるかは、EV グリッドを考える上で非常に重要なファクターである。各ステークホルダー間でその認識には大きな幅があった。各 OEM でも独自の普及予測を立てていると思われるが、ここでは OEM14 社が加盟する日本自動車工業会（自工会）のシナリオ[2] を紹介する。

自工会では「2050 年カーボンニュートラルに向けたシナリオ分析」を 2022 年に発表している。この中で、2050 年までを一義的に予測するのは不確定要素が多く非常に難しいので、4 つのシナリオを前提条件として、将来のパワートレーン（車の動力源）ミックス予測を示している（図表 3-5-1,2）。

4 つのシナリオとは、①日本エネルギー経済研究所のベースシナリオ（BAU）②カーボンニュートラル燃料積極活用シナリオ（CNF）③電動化積極推進シナリオ（BEV75）④完全 BEV・FCEV 化シナリオ（NZE）である。現在は②の CNF が最有力とされている。それをベースにした日本国内における 2030 年時点の普及台数は BEV226 万台・PHEV226 万台、合計 452 万台と推計される。

図表3-5-1 パワートレーン構成の将来シナリオ設定

シナリオ[1]の種類	シナリオ略称	解説（2050年の状況）
BAU	BAU	「IEEJ Outlook 2021」のベースシナリオ。
CN燃料積極活用／CNF	CNF	●乗用の新車販売に占めるBEV/FCEVの割合が先進国で50%、新興国で3割程度に到達。 ●CN燃料[2]を本格的に活用（約30%度）
電動化積極推進／BEV75	BEV75	●乗用の新車販売に占めるBEV/FCEVの割合が先進国で100%、新興国では5割に到達（グローバルでは75%）。 ●CN燃料を本格的に活用（約20%程度）
完全BEV・FCEV化／NZE（IEA-NZEがベース）	NZE	●1.5℃目標達成のためのIEAのバックキャスト方式シナリオ[3]がベース。グローバルでの新車販売に占めるBEV/FCEVの割合が100%に到達。 ●CN燃料限定活用（バイオ燃料のみ、7%）

※1 世界全体の四輪車（乗用車＋商用車）のパワートレーン構成を基に命名（CO_2排出量は、乗用車、商用車、二輪すべて含めて試算）。 各シナリオ、パワートレーン構成は、あくまでスタディ用に典型例を便宜的に設定したもの。それぞれのシナリオの実現可能性は、各国のエネルギー政策、産業政策、お客様の選択等に大きく左右され、自工会として何かコミットするものではない。
※2 CN燃料は、2050年にCO_2排出がカーボンニュートラルとなる合成燃料とバイオ燃料を指し、普及率はCN燃料に石油を含めた合計に対する割合で示している。
※3 IEA（国際エネルギー機関）が2021年5月に発表した"Net Zero by 2050"のシナリオ。 見通しを示したものでなく、コスト・投資等の精査がされていないことに留意が必要。

出所：日本自動車工業会ホームページ

　現在このCNFに基づいて各種の電動車に関連する施策が行われている。例えば2023年に経産省が発表した充電インフラ整備促進に関する指針の中では、CNFを前提条件として、2030年までに公共用の急速充電器3万口を含む充電インフラ30万口の整備を目指す方針が策定されている。将来のEVグリッドを考える上でも、BEV・PHEVの将来普及台数はこれを前提にするのが妥当と思われる。

BEV・PHEVユーザーの視点

　次に、EVグリッドを成立させるために重要なBEV・PHEVユーザーの視点から記述する。BEV・PHEVユーザーが積極的にEVグリッドに参加するとしたら、安価な充電料金の設定が最大のモチベーションになると思われる。
　一方、EVグリッドに参加することによって自動車としての利便性や価値

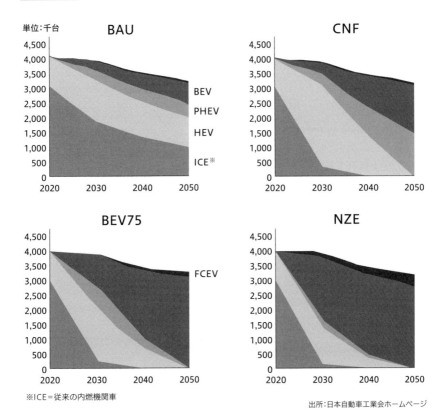

図表3-5-2 日本の新車販売構成シナリオ(乗用車)

※ICE＝従来の内燃機関車

出所：日本自動車工業会ホームページ

を損なうことは、参加の妨げになると考えられる。一般的にバッテリーの充電はガソリン給油よりも時間がかかる。よって、走行前に必要なバッテリー容量を確保しておくことは、特にバッテリー以外にエネルギー源を持たないBEVユーザーにとって必要条件となる。

　また、BEV・PHEVのバッテリーは使用によって劣化する。バッテリーが劣化すると電動航続距離が短くなり、結果的に中古車価格にも影響することが知られている。劣化はバッテリーの充放電や高SOC（充電率＝ State of Charge）状態での放置により促進される。当然、車両としての一般使用でも進むが、BEV・PHEVユーザーは自身の走行による劣化は必要悪として許容

した上で車両を購入していると思われる。だが、EV グリッドに参加することによりバッテリー劣化が促進されるのであれば、懸念材料となる。

　以上のように、EV グリッドへの参加は BEV・PHEV ユーザーにとってデメリットも伴うが、前述した通り、それ以上の対価として安価な電力料金を享受できれば参加のモチベーションは高まると思われる。

ステークホルダーの理解と協力を

　カーボンニュートラルに向けて BEV・PHEV の台数は確実に増加していく。また、個人所有の乗用車は駐車時間が長いことも変わらないであろう。すなわちエネルギーストレージ機能を持った車両が地域に分散し、さらにはグリッドに接続されている状況が増加する。また、商用 BEV・PHEV では昼間の余剰電力を急速充電でストレージすることも考えられる。このようにモビリティがエネルギーインフラへ貢献することによって、社会システムとしての CO_2 低減やエネルギーコストの低減に貢献できると考えられる。

　これを実現するためには、電力・送配電業界、電力アグリゲーター、充電インフラ業界、公官庁、BEV・PHEV ユーザー等、多くのステークホルダーの理解と協力が必要となる。OEM としても積極的に協力してカーボンニュートラル社会の実現につなげていきたい。

参考文献

1) 経済産業省ホームページ
   https://www.meti.go.jp/shingikai/energy_environment/ev_grid_wg/index.html
2) 日本自動車工業会ホームページ
   https://www.jama.or.jp/operation/ecology/carbon_neutral_scenario/PDF/Transitioning_to_CN_by_2050A_Scenario_Based_Analysis_JP.pdf

第 **4** 章

EV×グリッドが変える
都市インフラ

4-1 EV×グリッド×データがつなぐ都市・地域・コミュニティの変革

大阪大学大学院工学研究科環境エネルギー工学専攻 招聘研究員
太田 豊

■自動運転EVの胎動

「eモビリティは社会をどう変えるか？」を題材に、大阪大学ビジネスエンジニアリング専攻の大学院生が演習講義の一環として、教職員・学生やキャンパス周辺の一般市民へのヒアリング、eモビリティを推進する地域での視察・交流、そしてキャンパス実証を交えた取り組みを2021年度から継続してきた。その活動の中で、自動運転EVの社会へのインパクトが大きいことに学生は早くから注目し、社会変革の可能性検討やキャンパス実証を重ねてきた。

写真4-1-1は自動運転EVによるキャンパス実証の様子である。教職員・学生、多様な人々が活動する大学キャンパスの利便性を高める上でeモビリティのポテンシャルは高く、客貨混載の自動運転EVのトライアルを行った。

写真4-1-1 自動運転×ワイヤレス充電EVによる実証

写真4-1-2,3 箕面キャンパスで市民ヒアリングイベントを実施

市民ヒアリングイベントのチラシ

　具体的には、自動運転技術スタートアップのティアフォーが手掛けるオープンソースシステムを搭載した小型EVを活用して、学生がキャンパスの3D（3次元）マップを車載LiDAR（レーザー光を使う道路・建物の形状計測装置）によって生成した。事前の経路選択プログラミングにより、自動運転での走行を1週間で仕掛けることができた。太陽光発電と蓄電池を備えたワイヤレス充電ドックを備えており、完全自動オペレーションが可能となることも想像できよう。

　また、自家用車や公共交通が弱くなる郊外地域で自動運転オンデマンドバスが活用される将来を想定し、実際に郊外地域の交通ハブとして機能している大阪大学箕面キャンパスで市民からのヒアリングを行うイベントを開催した（写真4-1-2,3）。自動運転オンデマンドバスの地域ニーズ、想定客層、車両仕様その他市民目線で気になる点などについて、253人分の市民アンケートを基に緻密な解析を行った。

　ラストワンマイルをカバーする自動運転小型EVと公共交通を担う自動運転オンデマンドEVバスはそれぞれ、都市・郊外地域での幅広い用途が見込

まれる。大阪大学ではそのポテンシャルを探る活動に学生主体で早期から取り組み、可能性と適用性を見極めてきており、キャンパス内外における社会実装への展開も大いに期待されよう。

EV の静粛性（騒音・振動が少なく、乗り心地や自動運転時の制御性も良好）やゼロエミッション（市街地に排気ガスを出さず、地域の再生可能エネルギー（再エネ）からの自動給電との相性も抜群）といった特長もあいまって、都市・郊外地域でのロボタクシーやオンデマンドバスの実証も "雨後のタケノコ" のごとく立ち上がっている昨今である。人々の生活に自動運転 EV が浸透する日はそう遠くないのかもしれない。

▌EV×グリッドが変える都市の姿

前述のようなモビリティに格段の利便性をもたらすことが期待される EV は、都市・郊外地域をどのように変容させるのか？ EV 普及は地域のエネルギーにどのような影響を与えるのか？ これらについて図表 4-1-1 のようにまとめた。[1]

図表4-1-1 EV×グリッドが変える都市の姿

	エネルギー	モノの流れ	人の流れ	eモビリティ	ツール
大都市 プレミアム	再エネ調達 高密度・高信頼度			公共・物流 高密度・高信頼度	DR、 シェアリング
中規模都市 コンフォート	ネットゼロ Grid as a Platform		通勤など 観光・移住 など	シームレス、 マルチモーダル	マッチング、 フレキシビリティ
町村 インクルーシブ	再エネ輸出 Grid as a Backup			多種多様、 自動運転	マルチユース、 カスタマイズ

①大都市はプレミアム

　人口密度が高く、オフィス・商業施設が集積している大都市では、電力需要や人・モノのモビリティ需要に見合うプレミアムなレベルでのサービス提供が必要となる。ポイントは、エネルギーであれば再エネを、モノであれば都市で利用される付加価値の高い食品や製品・商品を他地域から調達しつつ、都市機能のレジリエンスを意識しながら高密度、高信頼度の電力・物流・公共交通ネットワークを構築し、運営することにある。例えば、交通面ではバス・トラックも含めた多様なeモビリティの普及が期待できる、電力面ではDR（デマンドレスポンス）[➡ p154] が普及するだろう。さらに交通と電力の双方に関わる面では、スマート街灯や公共充電スポット、駐車場シェアなど、シェアリングサービスの定着が期待できる。こうしたツールの効果が発揮されるのが大都市である。

②中規模都市はコンフォート

　大都市周辺の中規模都市は、食品、工業製品といったモノや人の流れのハブとしての役割を担うとともに、快適性・環境性を重視するコンフォートな居住サービスの提供が重要となる。エネルギー面では、住宅・商業・工業施設それぞれにおいて CO_2 排出ネットゼロが実現される。モビリティでは、鉄道駅などを拠点に公共交通とパーソナルモビリティ（EVの自家用車・タクシー）をシームレスに接続し、域内移動を確保することがポイントとなる。エネルギーとモビリティ双方の地域内の需給マッチングや、eモビリティの持つ充電制御や充放電制御の柔軟性のポテンシャルを総合的に評価するツールが求められる。

③町村はインクルーシブ

　町村部は農地や牧場、自然豊かな景観や住環境、史跡や温泉などの地域資源を有する。急速な人口減少の可能性も考えると各町村の特長を生かした振興策が求められる。再エネや付加価値が高いモノ（食品・商品）の町村外への輸出の一方、地域独特のサービスやホスピタリティーによる観光客、他都市からのワーケーション、移住の受け入れといったことが例として挙げられる。eモビリティはパーソナルモビリティからライドシェア、自動運転タク

シー、自動配送のほか、移動販売、キッチンカー、ドクターカーなど、マルチ・インフラとしての役割をカスタマイズして仕上げる必要がある。さらに再エネの地産地消を実現するために、各住宅に配備されているeモビリティを蓄電池としても運用する。このようにインクルーシブな観点が重要となろう。

④都市と郊外の共生

大都市、周辺の中規模都市、郊外の町村部は、それぞれが独立して存在するのではなく共生する構成となっている。町村部で豊富に発電された再エネは、中規模都市を経由して大都市まで届けられる。大都市では、多様なeモビリティ、DRなどで電力や交通のデマンドが効率化され、町村部からの再エネが利用される。一方、人々が大都市から中規模都市を経由して町村部へ移動し、観光やワーケーション、移住などのサービスを受ける。中規模都市はシームレスな物流と居住の拠点を担いながら人口を増やしていく。

▌EV×グリッドとスマートシティの展開

ここまでで、EVの都市・郊外地域への浸透がモビリティとエネルギーの利便性、効率性の向上に寄与する可能性をまとめたが、ポテンシャルはそれだけにはとどまらない。筆者が2023年11月に参加したSmart City Expo/Tommorow.Mobility World Congress[2]（スペイン・バルセロナ）では、欧州各都市の首長級パネリストがEV×グリッドによるスマートシティの形成について踏み込んだ議論を展開しているのを目の当たりにした。都市では渋滞緩和・空気環境維持のために客貨混載の自動運転EVを昼夜問わず走らせ（同時に排気ガスを出す自動車を都市域から締め出す政策発動も含め）、地域再エネ利活用も万全に行う。さらには、自動運転EVの一次駐車場所確保のための道路路肩の利活用、従来の駐車スペースの不動産転用、パークアンドライドなど都市のスペースマネジメント高度化の議論や技術開発も盛んだった。また中国では、複雑な建物配置の中をアトラクションのように自動運転EVが駆け抜けるコンセプトも提案されていたことが印象的だった。郊外地域では営農電化の観点で再エネとEVのフル活用が議論され、人手不足解消・オ

図表4-1-2 EV×グリッドのスマートシティ・プラットフォームへの昇華

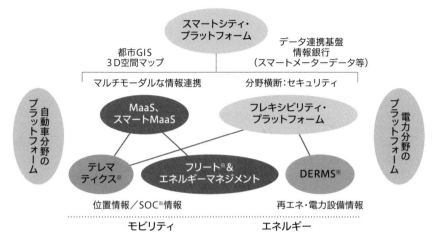

※テレマティクス＝自動車に搭載した通信システムを用いて情報やサービスを提供すること
※フリート＝複数台の自動車　※DERMS＝DERを統合管理するシステム　※SOC＝電池の充電状態

ートメーション・エネルギーコスト低減を同時に満たす方策として日本でも有望となろう。

　以上のように、EV×グリッドは都市・地域をスマートシティに変革させるインパクトを有している。第2章−1では自動車・電力分野を横断したデータ連携やプラットフォームの重要性を述べたが［図表2-1-2参照］、スマートシティまでの高みを志向したプラットフォームの姿を見据えることが重要となる。その理想像を図表4-1-2に示す。

　スマートシティに暮らす人々のモビリティの手段は、EVや自動車に限らない。鉄道・自転車・徒歩、そしてドローンなどマルチモーダルなモビリティを考慮できることが必須となり、交通分野で検討されているMaaS（Mobility as a Service）との連携が不可欠となる。デジタルツインは道路・建物に限らず都市GIS（地理情報システム）や3D空間マップへの拡張が必要となろう。スマートシティとしてのモビリティとエネルギーの利便性、効率性を測る指標として、人々の物資・エネルギー・CO_2などのフットプリントを評価・統括する仕組みも必要で、個人活動のデータ・セキュリティの観点も不可欠と

なる。スマートシティを意識したデータ連携基盤や情報銀行など、信頼性の高いデータ流通基盤との接続が不可欠だ。これに関しては、エネルギー分野でスマートメーターが取得したデータを有効活用するための議論が先行している。

EV・充電インフラの分野では、第2章—1で紹介したEV・充電インフラ・グリッドの時空間情報を扱う統合プラットフォーム、グリッド分野では地理的に分散する再エネの情報を統括するDERMS(Distributed Energy Resource Management System)や、EV・空調機器・ヒートポンプ機器を含めて配電レベルで統括するフレキシビリティ・プラットフォームが検討されている。これらを融合させ、スマートシティ・プラットフォームへ昇華させる考察も重要である。

最近の若いAI（人工知能）エンジニアは、社会インフラに関わるオープンデータの公開を待ち受けており、都市のGX（グリーントランスフォーメーション）[➡ p148]やスマートシティに資する技術開発には積極的であることを各所で聞く。各領域の事業者がデータを囲い込むのではなく、異分野へも含めてデータを手放すことがGXとオープンイノベーションの核となり、さらにはEV×グリッド革命の道を切り拓くということを肝に銘じる必要がある。

参考文献

1) 太田豊 , " 大都市から町村まで、スマートシティーの具体像を考える - エネルギー、モビリティー、ツールの観点から ", 電気新聞テクノロジー＆トレンド , https://www.denkishimbun.com/sp/122746 (2021)

2) Tommorow.Mobility World Congress 2023 Highlights, https://www.tomorrowmobility.com/2023-highlights/ (2023)

4-2 | ドライバー目線での EVと充電器

大阪大学大学院工学研究科モビリティシステム共同研究講座 特任講師

坂井勝哉

■ 充電器をどう割り当てるか

ここではドライバー側の観点からEVと充放電について考えよう。

乗用車に関して、車の移動は、基本的にはある目的を持って目的地へ行きたいことによる派生需要である。極端な例を出せば、ドラえもんの「どこでもドア」があれば車の移動は必要ない。運転することにより楽しみを得る人が一定数いることはさておき、移動するための時間は短く、費用は安いに越したことはない。交通経済学の観点では、車で移動する費用は実際に支払う金銭的費用に加え、時間を金額換算した費用も含めて総合的に考える。

この時間的費用は、ある人がその時間を労働に費やして得られる金銭(時給)と考えればわかりやすい。ガソリン車からEVへ転換すると、燃料代が安くなる半面、長距離の目的地へ到着する前にわざわざ充電のために時間を費やすことは、それなりの費用がかかっていることを意味する。充電しようと思って充電施設に行ってみたが、充電をするために待たなければいけないという問題がある。

また、今後は電力需要が逼迫し、グリッド側の都合により充電してほしくないこともあり得る。この問題は、容量が決まっている設備(充電器)にどうやって需要(充電したいEV)を当てはめるのかという、充電器のスロットをEVに割り当てる問題であり、交通工学で扱う道路渋滞の問題と同様の考え方ができる。交通需要をコントロールするためには、次の3つの方法があり、それぞれを充電器の問題に置き換えて解説する。

①物理的コントロール

ある道路(出入口)を一定時間閉鎖して別の道・時間帯に変更させる。グリ

ッドの観点からいうと、電力需要が逼迫している場所・時間帯で充電施設を閉鎖して充電できないようにする手法である。このコントロール手法は、グリッドを守ることはできるが、利用者が充電機会を失い、利便性を大きく損なう可能性があり、社会的に最適な状態を実現することはできない。

②予約によるコントロール

通行する道路の時間帯ごとの枠を予約し、その予約をしていない人は当該道路を通行できない規制。充電施設の予約制は導入されているケースもあり、利用者にとって比較的受け入れやすい半面、早い者勝ちという性質があり、必ずしもその充電施設でその時間帯に充電することに価値を感じる人が利用できるとは限らない。すなわち、社会的に最適な状態にはならない。

③変動料金によるコントロール

通行料金が時間帯により変動する仕組みであり、その道路をその時間帯に使いたい人は料金を支払うという制度である。ロンドンやシンガポールの混雑課金は有名である。充電施設の利用料を変動させることは、最も利用価値を感じるドライバーに充電してもらえるポテンシャルがあり、社会的に最適な状態を達成し得るコントロール手法である。ただし、適切な料金を決めるためにはドライバーの選好を把握する必要があり、試行錯誤の繰り返しにより決定する等、初めから最適な運用を行うことは容易ではない。

▌平常時は充電、異常時は放電

EVをグリッドへ接続する場合、充電するというパターンがほとんどであるが、充放電器に接続してEVで移動するために必要な充電を行う以外に、グリッドで余った電気を吸い取って充電するポテンシャルと、グリッドで足りない電気を補うために放電するポテンシャルを活用する方法がある。

充電器をEVに接続することは、EVがグリッドと接続されて、そのEVのバッテリーを自由に使えることはグリッドにとって様々な良い面があるが、ドライバーの観点から考えると、EVをグリッドに接続して充放電に利用されることは受け入れにくい点もある。充電をするつもりはなくても、グリッドへ接続している間に余った電気が充電される場合は問題にならないケ

ースが多いが、グリッドの役に立つからという理由でEVのバッテリーから電気をただ取られるのは受け入れられないし、それ相応の対価が求められる。EVドライバーとグリッドが、お互いにWIN―WINの関係を持てるフレームワークが必要である。

　ドライバーにメリットを提供しつつ、グリッド側でもメリットを享受できる例として、京都府長岡京市では中央公民館に双方向対応の充電器を設置して一般開放している。EVドライバーは到着時に事務室へ申し出て、無料で充電（5kW）できる。ただし、災害発生時にはEVから公民館へ電力を供給することの許諾を求められる。このようにドライバーは、無料で充電できるならば災害発生時には放電してもいいよ、と言ってくれる。市にとっては、平常時に充電させてあげる費用を負担する半面、いざという時に車のバッテリーから電力供給してもらえるというメリットがある。

　これを拡張した考え方をすれば、平常時にはEVへ給電（そんなに高出力でなくてよい）してあげる代わりに、異常時（災害とまではいかずとも、電力逼迫時）にグリッドの運営で必要な量を放電（供給）してもらうことは、EVドライバーにとって受け入れ可能だろう。また、安価なEV専用駐車スペースを利用できる代わりに、駐車時にはグリッドへ接続して充放電を受け入れるという枠組みも考えられる。

写真4-2-1 京都府長岡京市の中央公民館で一般開放しているEV充電器

商用車にとってのメリット

最後に、個人の乗用車ではなく、商用車を運用する事業者の観点で充電と放電を考えてみよう。

個人は同一のドライバー（同一の車両）でも走行パターンが日々異なる場合が多い。通勤では日々自宅と職場を行き来する場合もあるが、休日は違う場所へ出かける傾向にある。それに対して、商用車（特に路線バス）の運用は同じ走行パターンを繰り返す場合が多く、EV導入および充放電のシナリオが立てやすい。

モビリティシステム共同研究講座では、関西電力・阪急バスと共同で気温や運行状況のデータ等を活用しながら最適な充放電システムの構築に向けたアルゴリズムを算出し、検証を行った。GPS（衛星利用測位システム）ロガーを現行のディーゼルバスに搭載、その移動軌跡を取得し、気温データと車格のパラメータを入力して電力消費シミュレーションを行うことにより、その車両の1日の消費電力量を計算でき、車両をEVに置き換えることができるか否かの検討が行える。さらに、車両の走行による消費電力を精緻に計算で

図表4-2-1 電気バスの充電マネジメントフレームワーク

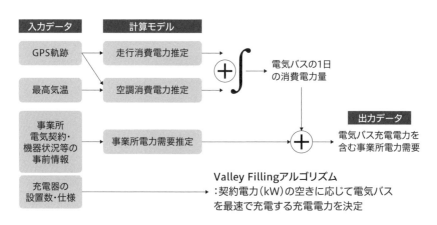

出所：坂井勝哉, 太田豊. 路線バス電動化検討フレームワーク-大阪大学キャンパス間連絡バスを用いた実証実験-. 電気学会産業応用部門誌. 2024. 144. 7. P-568-576

写真4-2-2 路線バス電動化に関する実証試験で運行中のバス

写真4-2-3 バス側面のステッカー

きれば、車両が営業所へ帰ってくる時のバッテリー残量について事前にシミュレーションを行い、充電・放電のポテンシャルを知ることが可能になる。また、事業所の電力需要と充電設備のデータに基づいて、営業終了後の充電スケジュールのシミュレーションも行えるようになる。[1]

参考文献

1) 坂井勝哉, 太田豊. 路線バス電動化検討フレームワーク - 大阪大学キャンパス間連絡バスを用いた実証実験 -. 電気学会産業応用部門誌. 2024. 144. 7. P・568-576

4-3 都市の利便性を高める EV活用事例

関西電力株式会社 ソリューション本部営業部門コミュニティ事業第一グループ 課長

室 龍二

■まちづくり×ラストワンマイルモビリティ

　栃木県宇都宮市大谷地域は、加工性と可搬性に優れ、建材として重宝された「大谷石」の産地として知られ、現在は観光地としても注目されている。2018年5月には「大谷石文化」が文化庁から日本遺産に認定された。その大谷地域では、主にゴールデンウィークやお盆の期間に観光客が集中し、主要道路を中心に混雑が発生。観光客の満足度低下だけではなく、地域住民の生活環境への悪影響も出ていた。

　また、観光施設や飲食店が点在しており、滞在時間を延ばすことが難しい。そこで宇都宮市は2019年から、地域内の道路混雑を緩和し、徒歩での回遊を支援する目的で、グリーンスローモビリティ（写真4-3-1）を活用した社会実験を開始した。グリーンスローモビリティとは、時速20km未満で公道を走ることができる電動車を活用した小さな移動サービスで、その車両も含めた総称だ。

写真4-3-1 宇都宮市所有のグリーンスローモビリティ

※1　元気炉

現代美術のアーティスト・栗林隆氏による、作品内でハーブの香る蒸気に包まれる体験ができるアート作品。

※2　エリアマネジメント

地域における良好な環境や地域の価値を維持・向上させるための、住民・事業主・地権者等による主体的な取り組みのこと。

関西電力は持続可能な観光型のまちづくりを目指す取り組みの一環として、この社会実験に参加。2023年度には、主に短距離移動を想定した電動コンセプトカー「パーソナルモビリティ」を加えて、地域内のより自由な周遊や滞在時間の延長を目的とした実証サービスを開始した。さらに2024年度からは、グループ会社のTRAPOLが運営する体験型アート作品「元気炉[※1]」を中心とした新しい集客・周遊コンテンツの開発に取り組んでおり、モビリティを利用する目的自体の創出にも携わっている。

ラストワンマイルモビリティに関する取り組みを進める中での課題は、やはりマネタイズの問題である。公共交通のような大量輸送ができないラストワンマイルモビリティの領域にあって、利用者に十分な利便性を確保しながら、利用者が納得できる低価格を実現することは非常に難しいからである。自動運転、AI（人工知能）といった新しい技術はもちろんだが、体制・シェアリングなども含め、様々な仕組みを検討する必要がある。

社会実験を重ねる中で、特に重要なポイントは2つあると考えている。1つ目は、手段と目的の整理。モビリティは基本的には手段であって、目的ではない。目的を整理することで初めて、本当に必要なサービスレベルや、誰がどのように負担すべきかが見えてくる。モビリティで利用者の満足度を上げるキーワードの一つが多様性（複数の選択肢）だが、選択肢を増やすことはコストを増加させることになる。また、選択肢が増えすぎれば逆に選択することが負担となり、満足度が下がってしまう。目的・手段を明確に意識しながら、どんなニーズにも対応するのではなく、本当に必要なサービスを厳選して企画を進めることが欠かせないのである。

２つ目は、地域全体で支えていくという発想。単純なサービス提供では実現できなくても、地域の価値向上につながる、無くてはならないインフラとして、つまり**エリアマネジメント**[※2]の観点で関係者全員が協力すれば持続可能性が向上できる。事業者だけではなく、利用者にも積極的に協力してもらう、そんな関係性が必要である。宇都宮市大谷地域での取り組みは観光型まちづくりの一例だが、ここでの基本的な考え方は郊外住宅地型のまちづくりにおいても同じように当てはまると考えている。将来的には、地域の特性を考慮しながら様々な場所でラストワンマイルモビリティを活用したまちづくりを実現していきたい。

歩道空間×遠隔操作型小型車

　2023年４月１日、改正道路交通法が施行され、歩道等を走行できる移動体として新たに認められた「遠隔操作型小型車」について紹介したい。これは人や物を運ぶための車両で、車体の大きさ・構造等について一定の基準（図表4-3-1）を満たし、遠隔操作により通行させることができるものを指す（道交法上は「歩行者」と同様の扱い）。

　利用シーンとしては、低速モビリティ、配送ロボット、警備ロボットなどが考えられる。空港、工場といった建物内では既に実用化されており、これ

図表4-3-1 遠隔操作型小型車の主な基準

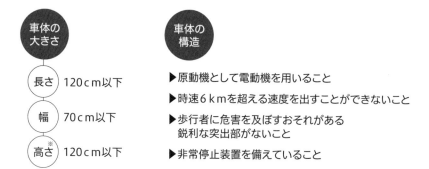

※センサー、カメラなど通行時の周辺状況を検知するための装置およびヘッドサポートを除いた部分の高さ

出所：道路交通法を基に作成

写真4-3-2 最大3人まで乗車できる「iino type-S712」

を公共スペースの歩道空間でも活用できるように法改正したものである。

　例えば低速モビリティ。1人乗りのパーソナルモビリティがまずはイメージされると思うが、グループ会社のゲキダンイイノは、最大3人まで乗車できる「iino type-S712」（写真4-3-2）を開発した。移動自体を楽しむ新しいモビリティの可能性を追求しながら、安全性はもちろん、歩行者との共存性を確保するなど、社会実装に向けた取り組みを継続している。

　次に配送ロボット。期待されているのは、横の移動と縦の移動である。住宅団地の一角にある集配所に届いた荷物を自宅まで配送する横の移動。マンション等で1階に届いた荷物を各階の部屋まで配送する縦の移動。建物のエレベーターと連携し、各階に配送するサービスも既に開発されている。ただし、配送において忘れてならないのは、配送全体を通じてどのように効率的に実施できるのかという点だ。単純にロボットの技術的な課題だけではなく、実際の配送システムやドライバーとの連携、集配所・宅配ボックス等の活用などと併せて検討を進めなければ、効率的な配送を実現することはできない。

　最後に警備ロボット。警備業界は今、人手不足、人件費高騰という大きな課題を解決するため、省人化を推し進めている。施設内や敷地内の巡回警備では、不審者の発見といった警備から体調不良者の早期発見といった見守り

まで幅広い対応が求められる。その一部でもロボットが代替できれば、警備員の負担をかなり軽減できる。AI を使った画像認識技術の発達もあり、現実的なサービスに近づいている。

　ここからは、遠隔操作型小型車が街のにぎわい創出へ大いに活躍する未来を空想してみたい。

　移動、配送、警備といった様々な機能を持った遠隔操作型小型車が都市 OS（オペレーションシステム）でリアルタイムにつながり、安全性はもちろん、プライバシーにも配慮しながら、街中の歩道を行き来している。警備ロボットは街の安全を守りつつ、そのカメラで周辺設備の劣化状況を確認し、適切な部署と情報を共有する。さらに、カメラを通じて人流を測定。人流・天気のデータに基づいて街のにぎわい状況や混雑予測が可視化され、街全体で混雑緩和を実現できる情報が住民等に発信される。同時に、周辺の店舗にも人流データやイベント情報が配信され、効率的な店舗運営に役立てられる――。個々の技術・サービスは既に実装されているものも多く、今後の展開を期待せずにはいられない。

4-4 「ニッサンエナジーシェア」——EVを活用したエネルギーマネジメントサービス

日産自動車株式会社 総合研究所 EVシステム研究所 主任研究員
鈴木健太

■ ニッサンエナジーシェアの概要

　日産自動車はこれまでに福島県浪江町などで、EVの充放電を自律的に行う独自の制御技術を用いながら、エネルギーの効率的な利活用の検証を行ってきた。「ニッサンエナジーシェア」は、これらの検証を通して培った技術や知見を基に、お客さまのニーズや状況に応じた最適なエネルギーマネジメントを、企画から構築、保守運用までワンストップで提供するサービスだ。2024年3月に提供を開始した。

　EVのバッテリーは、クルマの動力源としてだけでなく、建物や地域へ電力を供給することが可能だ。日産独自のエネルギーマネジメント技術は、充電器・充放電器に接続した充放電制御システムが、クルマの使用予定やバッテリー残量、建物の電力使用状況をリアルタイムに把握しながら、最適な受給電タイミングを自律的にコントロールする。クルマとしての利便性を損な

図表4-4-1 ニッサンエナジーシェアのイメージ

うことなく電力のピークシフトやピークカット［➡ p156］を図り、太陽光パネルなどでつくられた再生可能エネルギー（再エネ）の電気と連携させることで、エネルギーの地産地消や脱炭素化にも貢献できる。これは、EVの使われ方を熟知した日産ならではのエネルギーマネジメントの仕組みだ。

ニッサンエナジーシェアの主な特長

①スマート充電によるピークシフト

建物の電力消費状況と、EVのバッテリー残量や使用状況を把握し、EVへの充電タイミングを賢く制御する。複数のEVを保有している場合でも、建物の電力使用に影響を与えることなく、安心してEVを使用することが可能となる。

②放電マネジメントによるピークカット

建物の電力需要が高まる時間帯に、EVから建物へ電気を戻すことで施設電力のピークをカットし、電力使用量を抑えるとともに、電気料金の削減にも貢献する（図表4-4-2）。

③再エネの有効活用

建物などに太陽光パネルが設置されている場合、太陽光発電との連携が可能となる。太陽光での発電量が多い時には積極的にEVへ充電し、その電力

図表4-4-2 放電マネジメントによるピークカットのイメージ

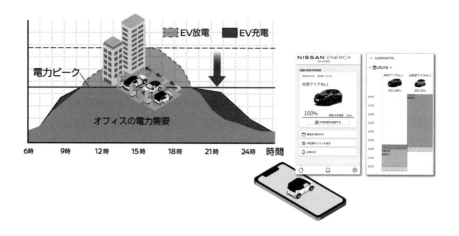

図表4-4-3 広島大学スマートシティ共創コンソーシアムでの取り組み概要

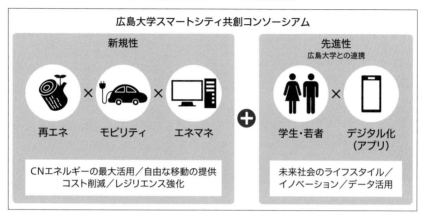

を夜間に建物へ給電するなど、太陽光の発電状況に応じた受給電を効果的に行う。これにより、企業が自らの事業活動で使用する電力を100％再エネで調達することを目標とする国際的イニシアチブ「RE100」にも貢献する。

ニッサンエナジーシェアの導入事例

広島大学と日産は、国内の他大学に先駆けて、キャンパス車両の100％EV化、再エネ100％のエネルギーマネジメントによる地産地消を視野に、モビリティ×エネルギーによる**カーボンニュートラル**［→p148］実現、および広島大学モデルの確立を目指している。本事例は、再エネ、エネルギーマネジメント、さらにモビリティ、学生、デジタル化（アプリ）によるデータ活用などを加えたユニークな取り組みとなっている（図表4-4-3）。

大学のEV公用車と、学生や教職員向けに新たに導入した日産のEVカーシェア「NISSAN e-シェアモビ」の車両を活用し、CO_2排出量ゼロのEVを自由な移動手段として使用しながら、駐車時にはEVの大容量バッテリーを蓄電池として活用する充放電エネルギーネットワークを確立。その上で、構内に分散したエネルギーリソースや、2024年に設置した太陽光発電設備

(6,600kW)ともつなげた高度な再エネのマネジメントに発展させていく計画である。さらに、EVを活用した災害時のレジリエンス強化やEVカーシェアの利用を通して、学生のカーボンニュートラル実現への参画意識を高めるなど、大学全体としての意識醸成にも取り組んでいる。

また、群馬日産自動車の品質保証センターにおいては、太陽光パネルとEV5台、V2H(Vehicle to Home)[p065参照]等を活用したエネルギーマネジメントを行うことで、効率的なエネルギーの運用を目指している(写真4-4-1)。

太陽光発電は気象状況によって発電量にばらつきがあり、電力供給の不均衡が課題となっているが、EVを蓄電池として利用するとともに、EVの充放電を自律的に行うシステムを組み合わせることで、太陽光発電の有効利用と系統電力の安定化を目指す。EVの充放電については、バッテリー残量やクルマとしての使用予定などを考慮しながら充放電車両の優先順位を決め、必要なタイミングで自律的に実施する。加えて、太陽光発電の余剰電力活用による、構内使用エネルギーの地産地消の実現を目指している。また、電力のピークカット、ピークシフトにより最大デマンド(需要)を抑えることで電気代削減にも貢献するとともに、災害時等の非常用電源としても太陽光パネルでの発電電力と蓄電池としてのEVを活用していく。

写真4-4-1 群馬日産自動車の品質保証センターはV2Hも活用している

日産は 2010 年 12 月に EV を発売し、EV のリーディングカンパニーとして開発・販売にとどまらず、世界で初めてとなる V2H の市場投入や、EV バッテリーの二次利用を行う 4R エナジーの設立など、持続可能な社会の実現を目指し、クルマのライフサイクル全体で日産ならではの価値を提供してきた。引き続き、移動と社会の可能性を広げる様々な取り組みや実証実験を通して、カーボンニュートラルの実現と未来のまちづくりに貢献していきたい。

116

第 **5** 章

EV×グリッドが実現する
電力レジリエンス

5-1 電力レジリエンスを変える分散型システム

大阪大学大学院工学研究科ビジネスエンジニアリング専攻 招聘教授

西村 陽

▌電力レジリエンスの基本と2024年能登半島地震

　日本は世界の中でも停電が非常に少ない国だ。電力グリッドについては他に類を見ないほどの多重化を図っており、どこかの設備が被災して停電が発生しても長時間に及ぶことは滅多にない。とはいえ、自然災害に伴う停電を完全に防ぐことは難しい。電気は生活、産業に不可欠なもので、停電は社会の混乱を招き、場合によっては人命にも関わる。それゆえ停電が発生すれば、規模や復旧見通しに強い関心が寄せられるのは当然のことといえよう。そして、大半の自然災害では、電力グリッドで最も電力ユーザーに近い配電線レベルの対応力が復旧の早さを左右することになる。

　記憶に新しい能登半島地震の被害と復旧活動を振り返ってみよう。

　2024年1月1日午後4時10分、石川県能登地方を震源とするマグニチュード7.6の大地震が発生し、輪島市、志賀町で震度7、七尾市、珠洲市、穴水町、能登町で震度6強を観測した。このエリアを受け持つ北陸電力送配電の設備も被災し、停電軒数は一時最大約4万軒を数えた。

　設備被害の中心は配電線レベルで、電柱の折損や傾斜が約3,070本、断線・混線が約1,680カ所という状況だった。被災地の至る所で家屋の倒壊、道路の損壊が見られ、火災が広がった地域もあった。こうした過酷な現場で、二次災害に注意しながら停電解消に向けた作業が行われた。しかし、応急処置としての仮復旧、損傷した設備・部品の取り換え、電柱の新設・建て直し、配電線の張り替えなど多量の配電工事が必要で、北陸送配電だけでは担いきれない。北陸以外の**一般送配電事業者** [➡ p150] 8社が応援に駆け付け、1月5日から約1カ月間にわたって作業に従事。合わせて車両1,000台以上、延

べ4,700人以上が投入された。関係者の尽力により、1月31日正午時点で停電軒数は石川県内の約2,500軒まで減少。土砂崩れなどで立ち入りができない箇所や、被害が激しい建物などを除き、おおむね復旧を果たした。

▌新しいレジリエンス〜DERの活用

　2018年以降に起こったいくつかの自然災害においては、従来型の設備復旧と異なる方法で電気の供給を継続、あるいは早期に回復できる可能性が示された。2018年9月の北海道ブラックアウトでは、稚内市が自ら所有する大型太陽光発電と大型蓄電池を使い、近隣の公園・球場等に電気を供給した。

　2019年9月に関東を直撃した台風15号は千葉県を中心に大規模停電を引き起こしたが、非常時の電源としてEV等の蓄電池が活用され、注目を集めた。家庭用の太陽光発電で自給する仕組みも知られるようになった。また、睦沢町の取り組みも関心を呼んだ。千葉県は天然ガスの産地で、睦沢町はそれを燃料にガスエンジンで電気・熱を生産し、周辺の住宅、道の駅に供給できるローカルグリッドシステムを構築しており、実際に機能した。このほか、東京電力パワーグリッドは停電の早期解消へ、配電系統の一部を切り離した上で発電機車をつなぎ、電気を供給する手法も取り入れた。こうした事例から、小規模な電力グリッドの自立（自律）運用は、大規模停電時における有効な対応策の一つであることが分かる。

　これまでに述べた、個別の家屋・建物レベル、コミュニティーレベルでの電気的な自立そのものと、自立したネットワークと送配電事業者の連携は、レジリエンス（強靭性）の進化形といえるものだ。近年の災害事象がきっかけとなり、2020年には電気事業法改正などを束ねた法案が「エネルギー供給強靱化法」として成立し、配電事業への参入を認める配電ライセンス制度が生まれた。

　図表5-1-1は、2018年に経済産業省・資源エネルギー庁が「次世代技術を活用した新たな電力プラットフォームの在り方研究会」で示した配電ネットワークの将来イメージだ。災害時に独立・自立することも含め、様々な形態のマイクログリッドが出現する可能性を示唆している。図の右下の山間部

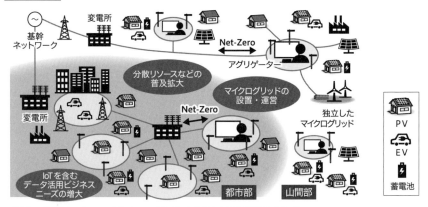

図表5-1-1 配電ネットワークの将来像(例)

将来の配電ネットワークにおいては、次のような変革が想定される。
- 再エネや蓄電池、EVおよび急速充電器といった新たな分散リソース等の普及拡大
- デジタル技術の進展によるIoTとの連携やデータ活用ニーズの拡大
- 様々な形態のマイクログリッドの出現(ネットワークに接続したコミュニティーグリッド、ネットワークからの独立/自立)

出所:第3回次世代技術を活用した新たな電力プラットフォームの在り方研究会(2018年11月27日)関西電力提出資料5より作成

では、既存の大規模電力ネットワークから電気が届かなくなった地域が太陽光発電やEV、それらをつなぐIoT機器により、独立したマイクログリッドを形成している。都市部以外でもそれなりの数のEVが存在し、地域の電力自立に貢献する姿が描かれていることは重要なポイントだ。

次世代の自立した電力グリッドを構築するには、太陽光発電をはじめとした再生可能エネルギー(再エネ)、EVや蓄電池といった充電・放電する**分散型エネルギーリソース(DER)**[→p154]をうまく使うことが欠かせない。DERについて、レジリエンスの観点から考えてみよう。

DERとIoT

地域で自立した電力グリッドを成立させるには、そのグリッド内で電気の需要と供給を継続的にバランスできる機能が求められる。供給に関しては、安定性や使いやすさの面では小型の火力発電が有利だが、道路の寸断などで燃料補給が途絶えたら終わりだ。風力、地熱といった再エネは十分な発電量を確保できる地域が限られる。こうした点を踏まえると、基本的にどの地域

にも適用できる太陽光発電とEV、蓄電池のようなDERを組み合わせて、昼間の晴天時に貯めた電気を夜間や曇天時に充てることが重要になる。前述した通り、EVや蓄電池を電源に用いて小規模グリッドを構成することは技術的に可能だ。今後、日本全体でのDER普及と、地方自治体のEV導入、公共施設等への蓄電池導入が進めば設備的な条件は整うことになる。ただ、交流と直流の壁を乗り越えないと実装は難しい。

電気には、向きと大きさが変化する交流と、変化しない直流の2種類があり、電力グリッドは「交流グリッド」と「直流グリッド」に大別される。現代の電力システムは、例外的な建物や地域を除けば全て交流グリッドだ。同一の速さで電磁石が回転（同期）して交流で発電する同期発電機が複数つながっており、**慣性と同期化力** [➡ p157] によってグリッド全体の安定性や電気の品質が維持されている。

だが、回転部が無い太陽光発電や蓄電池から出てくる電気は直流で、交流グリッドとは交直変換装置（インバータ）を介してつながっている。慣性や同期化力を持たないため、こうした非同期の電源だけでは自立したグリッドを運用できない。燃料不足などで同期発電機が使えなくなる事態も見据えると、太陽光発電や蓄電池が自ら慣性や同期化力を持つことが望ましい。実現の鍵を握るのは、高性能キャパシタ（コンデンサ）をはじめとする電力機器のイノベーションである。コンデンサは充電・放電する電子部品で、電気製品には必ずといっていいほど搭載されている。容量の大型化や充放電の超高速化ができれば、太陽光発電や蓄電池もインバーター経由で交流波を作り出せるようになる。燃料系発電機に頼らなくて済むなら脱炭素の面でもプラスだ。

一方、直流の電気をそのまま使えるマイクログリッドを整備する方法も検討されている。埼玉県さいたま市美園地区の「スマートシティさいたまモデル」をはじめ、複数の地点で実証事業が進行中だ。直流での配電は距離が長いと電圧が下がる問題があり、需給バランスを維持するにはIoTによる機器制御、蓄電池を使った細やかな需給制御が必要になる。直流マイクログリッドに用いられる機器は、半導体の進歩によって高性能化、低価格化が進んでいる。技術開発と併せて経済性の動向にも注目したい。

■自立した地域マイクログリッドへの挑戦

　日本では現在、災害時の自立を想定したものを含めた地域マイクログリッドの実証が活発に行われている。京セラを中心とした神奈川県小田原市のプロジェクト、ネクステムズを中心とした沖縄県宮古島のプロジェクトが有名だ。いずれも平常時は電力系統とつながっていて、非常時に自立運用することを目指した交流グリッドである。

　宮古島の実証は、日照に恵まれた地域特性を生かして蓄電池を最小限に抑えつつ、昼間の余剰電力をヒートポンプ給湯機の稼働に充てて需給をバランスさせるユニークなもの。元々の電気料金水準との比較もあり、自営線を使った地域電気事業として経営が成り立っている。ネクステムズは安価で高品質な需給バランス用の機器開発を強みとしており、実証開始以来、制御機器の改良を重ねている。この他、全国で30〜40もの様々なマイクログリッド実証が展開されており、各事業者は知見やノウハウの蓄積、関連機器の開発・改良を進めつつ事業化、さらには配電ライセンス取得への道を探っている。

■電力レジリエンスの将来像

　日本は地震、噴火、台風、集中豪雨など、絶えず自然災害に見舞われてきた。そうした環境の中で、一般送配電事業者はできるだけ早く被災設備を復旧し、停電を解消しようと努め、ノウハウを蓄えてきた。近年は各社の連携も深化している。

　電力のネットワークは他の公益事業サービスに比べて多重化されており、復旧の早さは優れた特性といえる。それでも、ネットワーク全体が機能しなくなった場合は手の打ちようがない。この弱点を克服する解の一つが分散型システムだ。既存の大規模ネットワークと、EVや蓄電池といったDERを活用する分散型のマイクログリッドを組み合わせることで、非常時の対応レベルをさらに高めることができるだろう。新しい電力レジリエンスの在り方を実現するためにも、関連技術のイノベーション、制度面の環境整備、多彩なプレーヤーの参画と挑戦を期待したい。

5-2 レジリエンス強化に向けた SRNの取り組み

東京電力ホールディングス株式会社 経営技術戦略研究所 事業開発推進室長
スマートレジリエンスネットワーク（SRN）運営事務局長

今田博己

▌SRN設立の背景

近年、自然災害は激甚化の一途をたどっており、2011年の東日本大震災や2018年の北海道胆振東部地震、2024年の能登半島地震等、停電を伴う被災が多く発生している。そこで、今後普及が予想されるEVや蓄電池といった**分散型エネルギーリソース（DER）**[➡p154]の活用による地域レジリエンス（強靱性）の向上に大きな期待が寄せられている。例えば、2019年の大型台風による千葉県の大規模停電では約140台のEVが活用され、扇風機、洗濯機、スマートフォンの充電などに電力を供給した。

また、**カーボンニュートラル**[➡p148]の実現に向けては、電源側の脱炭素化と、電力需要側で脱炭素電源を有効活用するために運輸部門や熱部門等のエネルギー需要の電化を進めていく必要がある。さらに、脱炭素電源である再生可能エネルギー（再エネ）の大量導入に向けては、電源側だけでなく需要側での電力調整が必要となってくる。電源側では特に、太陽光の発電電力が刻一刻と変化しており、その変動を吸収することができるEVをはじめとしたDERの活用可能性が期待されている。例えば需要側では、EVタクシー・バスのように電化された機器を使用し、昼間に発電した電力で充電しておき、朝・夕に活用することが可能であり、それにより電力需給バランスの改善に貢献できる。

▌産官学の枠を超えた多彩なメンバー

こうした地域レジリエンス向上とカーボンニュートラルへの関心の高まりを受け、2020年8月に東京電力パワーグリッドと関西電力送配電が中心と

なり、各分野の有識者と共にスマートレジリエンスネットワーク（SRN）を設立した。産官学の枠を超えて様々な分野にわたる企業・団体および有識者が参画している。会員数は 79 者（2024 年 11 月時点）（図表 5-2-1）。

代表幹事には山地憲治氏（地球環境産業技術研究機構）、森川博之氏（東京大学）、池内幸司氏（河川情報センター）、岡本浩氏（東京電力パワーグリッド）、幹事には林泰弘氏（早稲田大学）、西村陽氏（大阪大学）らが就いている。幅広い分野の視点と有識者の深い見識から DER の有効活用と連携を社会に対して積極的に働きかけることを通して、地域レジリエンスの向上と脱炭素社会の実現を目指している。

図表5-2-1 スマートレジリエンスネットワーク(SRN)会員一覧(2024年11月時点)

代表幹事

山地 憲治
東京大学名誉教授 /
公益財団法人地球環境産業技術研究機構
理事長

森川 博之
東京大学 大学院工学系研究科教授

池内 幸司
東京大学名誉教授 /
一般財団法人河川情報センター理事長

岡本 浩
東京電力パワーグリッド株式会社
取締役副社長執行役員

幹事

浅野 浩志
一般財団法人電力中央研究所研究アドバイザー /
東海国立大学機構岐阜大学高等研究院 特任教授

石井 英雄
早稲田大学 研究院教授 /
スマート社会技術融合研究機構 事務局長

小宮山 涼一
東京大学 大学院工学系研究科教授

竹内 純子
NPO法人国際環境経済研究所理事・主席研究員 /
U3innovations合同会社 共同創業者・代表取締役

西村 陽
大阪大学大学院
ビジネスエンジニアリング専攻 招聘教授

林 泰弘
早稲田大学 大学院
電気情報生命専攻 教授 /
カーボンニュートラル社会研究教育センター 所長 /
スマート社会技術融合研究機構 機構会長

関西電力送配電株式会社

東京電力パワーグリッド株式会社

会員企業

株式会社ACCESS／アジア航測株式会社／株式会社アドバンテック／株式会社安藤・間／出光興産株式会社／株式会社エナ・ストーン／株式会社エナリス／NTTアノードエナジー株式会社／株式会社NTTデータ／ENEOS Power株式会社／株式会社エネゲート／株式会社エネルギー・オプティマイザー／大阪ガス株式会社／大崎電気工業株式会社／株式会社関電工／関西電力株式会社／関西電力送配電株式会社／九州電力送配電株式会社／京セラ株式会社／KDDI株式会社／株式会社サニックス／株式会社三社電機製作所／株式会社GSユアサ／株式会社JWATWAVE／四国電力送配電株式会社／株式会社Shizen Connect／住友電気工業株式会社／積水化学工業株式会社／株式会社ダイヘン／中国電力ネットワーク株式会社／中部電力パワーグリッド株式会社／中部電力ミライズ株式会社／TNクロス株式会社／東京電力パワーグリッド株式会社／東京電力ホールディングス株式会社／東京都市サービス株式会社／東芝エネルギーシステムズ株式会社／東北電力株式会社／東北電力ネットワーク株式会社／一般財団法人日本気象協会／日本工営エナジーソリューションズ株式会社／日本電気株式会社／パナソニックホールディングス株式会社／BIPROGY株式会社／PwCコンサルティング合同会社／株式会社日立製作所／富士通株式会社／富士電機株式会社／プライムプラネットエナジー＆ソリューションズ株式会社／北陸電力送配電株式会社／北海道電力ネットワーク株式会社／本田技研工業株式会社／株式会社みずほ銀行／三井住友海上火災保険株式会社／三井不動産株式会社／三菱自動車工業株式会社／三菱重工業株式会社／株式会社三菱総合研究所／三菱電機株式会社／株式会社三菱UFJ銀行／横河ソリューションサービス株式会社

学術会員

一般財団法人電力中央研究所
国立研究開発法人防災科学技術
研究所
早稲田大学スマート社会技術融合
研究機構

賛助会員

一般社団法人 エネルギー・地方創生ネットワーク協議会
一般財団法人関東電気保安協会
国民生活産業・消費者団体連合会
一般社団法人日本熱供給事業協会
一般社団法人 農業電化協会

DERを有効活用するためには、地域に点在するDERが、どこに存在し、どのような状況になっているか、相互に把握できるようにするための「見える化」が必要である。DERの位置情報や発電・充放電等の電力使用状況を把握するとともに、地域の停電状況などを5GやIoTといったデジタル技術を用いて相互にデータ連携することにより、DERの有効活用とさらなる価値の向上を図ることができる。

「有事」に備えた「平時」のDER活用

　DERを「有事」に活用するには、そもそもDERそのものが普及していることが重要である。そのためには、DER普及のための課題が解消されていること、DERを有効活用した「平時」のビジネスモデルを確立していることが重要である。DERを活用し、収益が生まれることによってDERが普及・拡大し、地域のレジリエンス強化に資することが可能となる。普及・拡大の課題となる各種制度の規制緩和、コスト低減など、事業環境整備に向けた取り組みが重要である。

図表5-2-2 DER普及に向けた課題のアンケート結果

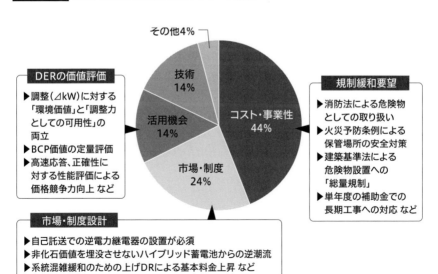

SRNはそうした課題について会員の意見集約を行い、その体系化を行った（図表5-2-2）。特に蓄電池普及に関する検討を希望する声が多く、課題・要望としては、「蓄電池関連設備コストや投資予見性・費用対効果などの事業性」「関連法令に対する規制緩和」「マルチユースのための市場要件・制度設計反映」「調整力や環境、レジリエンス等のDER価値の定量評価」などが挙げられる。これらの集約結果を、国も関わる検討会「エネルギー・リソース・アグリゲーション・ビジネス・フォーラム（ERABフォーラム）」への意見提言につなげてきた。

　平時のDER活用を促進するためには、DER設置者や事業者にとっての事業性を高めていく必要がある。これまで主に検討されてきたDER活用のユースケースとしては、蓄電池等による電力需要の**ピークカット**［➡p156］や太陽光発電の有効活用など、1つの需要地点における電気の基本料金削減が中心だ。さらなるマルチユースによって価値創造を積み上げる必要がある。

　そこでSRNでは、単体ではなく、多数のDERがデータ連携されて電力市場等で活用されるユースケースを想定し、電力取引に活用するための業務オペレーションフローやマネーフローの仮説を立案した。また、これらの仮説を基に事業者の経済性について評価した。例えば、「太陽光発電の出力抑制発生時に**上げDR**［➡p154］で回避」「小売電気事業者目線のインバランス（計画値と実績値のズレ）回避」「容量拠出金削減」などの各ユースケースにおける取引単価や事業規模の算出・関係者の業務フローを想定し、具体的な費用感や事業性の評価を行った。

　2023年度には経済産業省にて、自動車業界や充電器業界、電力業界をはじめとする関連業界が課題や機会の展望を共有し、必要な対応について知恵や考えをぶつけ合う場として「EVグリッドワーキンググループ（WG）」が設置された［第3章参照］。この場で活発な議論が行われ、課題の整理等がなされたが、引き続き民間主導による継続した議論が必要であるとまとめられている。

　経済産業省からの正式な依頼によりSRNは、EVグリッドWG後の継続した議論を行う場として、特に**一般送配電事業者**［➡p150］が電力グリッド

図表5-2-3 脱炭素・レジリエンス向上に向けた自治体の課題

課題		課題の要因
先端技術利活用	導入費用、修繕・更新費用 ● 知識や人員の不足 ● 使用ノウハウの不足 ●	使用用途への補助金の上限額設定
		自治体内でのノウハウ・リソース不足
連携・体制面	担当・人員の配置 ● 技術者の確保 ● 複数の対応部署 ● エネルギー化 との接点不足 ●	
地域の巻き込み	自治体の規模 ●	企業との接点希薄コミュニケーション不足
経済性確保	単年補助金の使いにくさ ● 事業採算性/平時のコスト回収 ●	補助金の立てつけ制度設計上の課題
運営・平時利用推進	マルチユースの方法 ●	

の運用に EV を活用するための課題解決に向けた検討を、2024 年から実施している。電力業界のみならず自動車業界の主要企業が参画する。電力グリッドの運用における具体的な EV 活用ユースケース等を想定し、そのために必要なデータや情報提供のあり方を議論していくことで、将来の EV 有効活用に寄与していく。

課題、ニーズの収集と体系化

脱炭素先行地域[➡ p148]では再エネの導入に合わせてレジリエンスの向上が提案されているが、推進する自治体においては課題が山積している。SRNは、会員や自治体の皆さまにアンケートやヒアリングを行い、レジリエンス強化に関する取り組み事例や DER 活用に際しての課題やニーズを収集し、体系化を行った（図表 5-2-3）。その結果、コスト面などの経済性や連携・体制面、平時とのマルチユースなど多くの課題があらためて浮き彫りとなった。例えば、太陽光発電と蓄電池を自治体へ導入することを想定した時、単年補助金では、事業者探し・設計・工事・竣工・運用開始・補助金請求といった

一連の流れに年度内で対応する必要があり、複数施設への導入は難しくなる。工事会社からすると、同様の補助金が使われる案件が重なったりした場合に施工力が不足するおそれがある。

また、自治体はパートナー企業との連携を密にしておきたいが、環境課・防災課・建築課等の複数の部署でそのノウハウを継承し続けることは難しい。対応例としては、各部署をまたぐトップダウン型の部署の設立や、自治体としての資金準備などが考えられる。

DER導入時における投資判断材料として、DERの持つ価値の定量的な評価が求められる。DERには平時・有事の価値がそれぞれ存在するが、有事の価値の算定方法は確立されていないという課題がある。そのため、DERが有事にどれだけの価値を発揮できるかを定量化し、設置者や事業者の投資機運を高めることで、DERの普及を促進できる。SRNでは、停電の発生確率と、停電時にDERが稼働し電力供給する時間と、それによって回避された経済損失の積の総和で有事のDER価値を定量化できるか、検討を行っている（図表5-2-4）。

有事の価値＝Σ（停電発生確率×停電時に電力供給する時間×回避される経済損失）
■ 停電発生確率：当該場所の過去の地震・台風などの災害要因に基づき、停電の確率を求める

図表5-2-4 有事におけるDER活用による電力復旧曲線

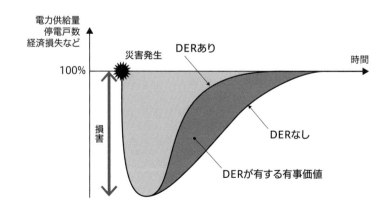

図表5-2-5 有事における避難所とEVのマッチングイメージ

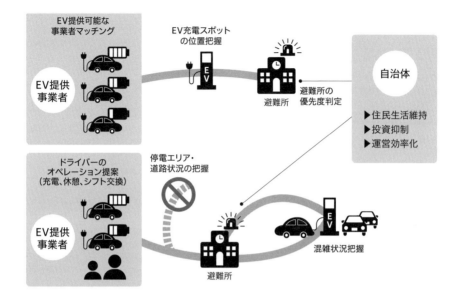

- 停電時に電力供給する時間：EVや蓄電池単体のみであれば、単純にそれらの容量のみの値となる。太陽光発電・発電機等が複数組み合わされたオフグリッド等であれば、停電時間等に合わせた推定を行う
- 回避される経済損失：当該被災箇所がどのような事業を行っているかによって異なるため、事業種別や過去のアンケート調査結果を基に推定する

災害時の避難所とEVのマッチング

　過去の災害事例を振り返ると、様々な被害・影響がある中で公共インフラの復旧のみに頼ることには一定の限界があり、被災地における自助・共助としての備えが重要であることが見えてきている。例えば、大規模災害時には電力の応急送電手段を充実させるために、EVを複数の避難所へ最適に配備・誘導することが手段として考えられる。ただ、これを実現するためには、自治体が所有するEVや災害時協定を結ぶ企業から提供を受けたEVを、災害情報が錯綜する中で適切に割り振る必要があり、実際には容易なことではな

い。

　そこでSRNでは、非常災害時におけるEVの活用事例として、会員である日立製作所と東京電力パワーグリッド、自治体の協力を得て、避難所・EV充電残量・充電ステーション・停電情報といった様々なデータが連携されることを前提としたシミュレーションを行った。現在は事前に設定したEVと避難所の位置情報からEVの最適配備をシミュレーションしているが、より詳細なEV情報、EV充電器情報、停電情報および道路情報等をリアルタイムに連携していくことで、幅広い運用を目指す。

　また、上記メンバーに加えて、会員の三菱自動車工業の協力も得て、発災からEVによる停電解消までの一連の流れを模擬したオペレーション訓練を実施した。一連の流れの中では、停電が順次復旧していくことでEV配車の変更が発生するなど、EVによる給電を実際に行ったりすることで、机上の検討だけでは見えてこなかった諸課題が明らかになり、様々な示唆が得られた。

　例えば、発災後には状況判断のための停電情報や自治体内EVの使用状況等のデータを各所から集めることが必要だが、適切に判断するためには、時系列で正確に集めることが重要だと分かった。新しい災害対応用システムの互換性や費用・災害発生確率・想定災害規模を勘案しながら、どのようなDERと、DERデータ連携システムが必要かを検討する必要がある。また、EVによる給電を実際に行うことで、EV関連機器の使い方やEVから給電できる機器等を体感できた。避難所に設置されているエアコンや照明を使用するには、外部電源接続盤やV2B（Vehicle to Building）[p065参照]機器の導入を事前に検討しておく必要がある。

　SRNは、EVを含むDERや各種データがつながることにより、社会全体でDERが有効活用され、DERを用いた事業機会や市場規模が拡大していく社会を目指している。業種業界を超えた社会価値共創の取り組みを、今後も継続的に推進していきたい。

5-3 「ブルー・スイッチ」が強化するレジリエンス

日産自動車株式会社 日本事業広報渉外部 部長

高橋 雄一郎

日本事業広報渉外部 課長

石田 則子

災害による停電発生時に EV が非常用電源として活用できることは、少しずつ知られてきた。日産自動車は災害時に EV を派遣し、実際に活用していただいている。ここでは、EV を使って社会課題を解決する取り組み「日本電動化アクション ブルー・スイッチ」と、これまでの災害時における具体的な EV 活用事例を紹介したい。

■日本電動化アクション　ブルー・スイッチ

ガソリン車と比較した EV の最大の特徴は、走行中の CO_2 排出がゼロであることと、車両から電力を供給できることだ。EV のパイオニアである日産は、これらの特徴を生かし、EV による社会課題解決を図る活動「日本電動化アクション ブルー・スイッチ」（図表 5-3-1）を 2018 年 5 月から推進している。EV が普及すればするほど脱炭素化に貢献し、いざという時には電力も確保できてレジリエンス（強靱性）強化に貢献する。再生可能エネルギーと EV を掛け合わせれば、完全に CO_2 フリーのエネルギーマネジメントが可能となる。

また、EV の使用済みバッテリーは再利用可能であり、持ち運び可能なポータブルバッテリーや蓄電池付き街灯等に生まれ変わっている。さらに、EV を活用したサステナブルツーリズムや交通課題の解決など、できることは多岐にわたる。現在、全国で様々な自治体・企業・団体との連携を進めており、その数は 2024 年 7 月時点で約 260 件にのぼる。

図表5-3-1 「ブルー・スイッチ」のイメージ

災害時のEV活用事例

　近年、日本では大型台風や豪雨といった「10年に1度の自然災害」が毎年のように発生している。これに加え、2024年1月に発生した能登半島地震といった災害もあり、まさに日本は災害大国である。日産はこれまで、2019年の台風15号・19号、2020年の熊本豪雨、そして能登半島地震で実際にEVからの電力供給を行った。

　乗用車型の日産リーフ60kWhの場合、理論上は同時に6,000台のスマートフォンへ充電でき、一般的な家庭3～4日分の電力供給が可能である。また、バッテリーが大容量なため、複数の電化製品を同時に、長時間にわたって使用することができる。

　2019年9月の台風15号によって千葉県で長期停電が発生した際は、合計53台の日産リーフを提供した。台風被害が発生した翌日、停電が長引きそうだと聞いたため、9月11日に社内で有志のドライバーを募り、まずは大規模停電が伝えられていた市原市、木更津市、君津市などへ向かった。本社（横浜市）からこれらの自治体へはアクアラインを越えればすぐという地の利を生かすことができ、到着後も十分な電力が残っていた。その後、これらのEV

写真5-3-1 窓に「スマホ充電できます！」と張り紙	写真5-3-2 暗かった給水所に明かりをつけて安全確保

は千葉県の広域で活用されることになった。

　当時は、到着した公民館や市役所などでは、EVから電力を供給できることを知らない職員の方が多く、説明が必要な場面があった。とはいえ、EVからの給電方法は非常に簡単で、説明後はすぐに操作できるようになった。

　日産リーフを運んだ直後は公民館で主にスマートフォンの充電に使用されていた（写真5-3-1）。他にも高齢者福祉施設や保育園など、いわゆる災害弱者がいる所に電力を届けた。残暑厳しい折に電気が使えないことは命に関わるため、扇風機、冷蔵庫、洗濯機などに活用された。また、ある市では、自衛隊が給水所を設置したが、夜間はそれがどこにあるか分からない暗闇となっていた。そこで、日産リーフを給水所に移動させ、明かりをつけて安全性を確保した（写真5-3-2）。

　この事例を紹介すると、EVの充電残量が低下したらどのようにすればよいのか、という質問を多く頂く。実際に千葉県での対応でも、1週間ほどEVを電力として利用すると充電残量が少なくなった。そのような場合は、電力が復旧しているエリアにある急速充電器まで自走し、30分間充電してからまた電力を必要とするエリアに戻るという"電力のバケツリレー"をしていた。もちろん、事前に電力が復旧しているエリアを確認する必要はあるが、全面的なブラックアウトに陥らない限り、このような運用で十分対応できる。

　同年、長野県で千曲川の氾濫を起こした台風19号では、長野市内の災害ボ

写真5-3-3 災害ボランティアセンターに電力供給

写真5-3-4 高圧洗浄機が使えると汚れ落としの時短に

ランティアセンターにEVを貸し出した。このセンターは災害ボランティアが集合し、支援先に派遣される拠点で、使用する工具などの充電も行う場所だ。また、住民の状況についての情報も集約し、印刷して共有する。これらのすべてにおいて電気が必要であり、日産のEVから供給した（写真5-3-3）。活動に従事するメンバーからは、非常に静かで手軽に利用できるということで、EVの有効性を認識したという声が上がった。

翌2020年7月に発生した熊本豪雨では、被災した旅館の復旧においてEVが力を発揮した（写真5-3-4）。通常、床上浸水被害の場合は、ホースとほうきで泥を流すといった、非常に労力の要る方法で片付けをしていくことになる。しかし、EVの電力を活用し、高圧洗浄機で泥や汚れを落とすことができ、かなりの時間短縮になった。

2024年1月に発生した能登半島地震では、被災した石川県穴水町、珠洲市などに日産アリア8台を貸与し、電力供給を行った（写真5-3-5,6）。非常に困難な状況だったが、都市部からかなり離れた地域、道路事情もあまりよくない場所での対応について、多くの学びも得られた。

マンションの防災にも対応

ここまで紹介したのは全て、**可搬型外部給電器（V2L = Vehicle to Load）**を使って電気機器に直接電力供給した事例だ。**V2H（Vehicle to Home）**［p065

写真5-3-5 能登半島地震の支援に駆け付けた日産のEV

写真5-3-6 被災者支援を通じて多くの学びも得られた

参照〕機器を備えた家やオフィスがあれば、建物自体にEVの電力を活用し、その場が避難所にもなり得る。新型コロナやインフルエンザ等の感染症を考慮すると、自宅が無事で電気さえ確保できれば、ある程度快適な環境での在宅避難も可能だと考えられる

EVはスマートフォンや電子レンジといった小型家電だけではなく、エレベーターなどの大型機器にも電力を供給することができる。都市部では多くの人々が集合住宅に住み、タワーマンションも増えている昨今、マンションの防災は大きな課題の一つである。日産は2023年、日立ビルシステムとともに、EV軽自動車の日産サクラから電力を供給してエレベーターや給水ユニットを稼働させる実証実験を行った。バッテリー容量は比較的小さい20kWhながらも、エレベーターを約15時間にわたり連続稼働させることができ、その間の昇降回数は416往復を数えた。また、給水量は2万1,171Lに達した。1日に必要な1人当たりの水分摂取量を2.5Lとした場合、8,468人分に相当する。

安全・安心なまちづくりへ

もちろん、非常時の電力需要をEVで全て賄えるわけではない。既に普及

している発電機も頼りになるだろう。ただ、それなりの稼働音や臭いが発生するし、燃料を入れたまま長らく保管していると、燃料が劣化していざという時に動かないおそれがある。また、燃料は揮発性・可燃性が高く、取り扱いには注意が必要だ。発電時は換気が不十分な場合などに一酸化炭素中毒を引き起こすリスクもある。これに対してEVからの給電は無音無臭で、夜間に使用しても近隣住民の睡眠を妨げない。災害時は、それだけで住民に大きなストレスがかかっている。静かさの重要性は、一連の被災地対応を通じて学んだことの一つだ。

　電気が生活の重要なインフラである現代において、災害に対する備えの中でも非常用電源の確保は喫緊の課題といえる。EVはクルマとして、大容量バッテリーとして、「いつも」と「もしも」の両方のニーズに応えられる車両だ。このようなEVの特性を活用しながら「日本電動化アクション ブルー・スイッチ」を推進し、レジリエンス強化をはじめとする様々な社会課題の解決に取り組みたい。

電動車のレジリエンス活用
──2019年の経験から

トヨタ自動車株式会社 パワートレーンシステム計画部 主幹　小澤　環
一般財団法人トヨタモビリティ基金 主査　山中千花
トヨタ自動車株式会社 パワートレーンシステム計画部 主査　柴田保司
パワートレーンカンパニー プレジデント　上原隆史

大規模停電エリアで給電支援

　2019年9月、千葉県で台風15号による大規模停電が発生、トヨタはFCEVのバスを含む電動車両の貸し出しによる給電支援を行った。停電は長期化し、関東地区の販売店、レンタリース会社所有のPHEVを数百台追加手配したが、給電機能が付いている車両は一部であり、給電方法の啓発も足りていなかった。そのため、技術者が社内外で使用する車両のうち給電機能のある車両を50台ほど、急遽用意し、愛知県のトヨタ本社などから積車や自走で搬送、技術者自らが給電活動を行うことにした。

　幸い、日頃から地域活動に熱心な大里綜合管理（千葉県大網白里市）が、現地で災害支援活動を行っており、同社や現地協力者により、どこで誰がどのように困っているか等の情報や、技術者用の宿泊施設、駐車場の提供を受け

図表5-4-1 ベースキャンプ（★）

写真5-4-1 給電支援を通じて交流した鴨川市の皆様

出所：現地で協力頂いた鈴木張司様撮影

ることができた。

　支援は本社技術部の司令塔と現地給電隊で連携して行った。複数拠点に分散した給電隊は移動しながら連絡を取り合わねばならず、全体把握が困難だったからだ。司令塔では人員・車両の配置を、地図とマグネットで布陣図のように見える化した。給電隊は各ベースキャンプ（図表5-4-1）を拠点に現地情報を得つつ、鋸南町、館山市、東金市、市原市、大網白里市、山武市、八街市、鴨川市、南房総市、君津市、富津市などの支援先へ臨機応変に向かった。

活動を通じて得られた気付き

　この活動では多くの気付きがあった

①車両を貸し出すだけでは支援にならない

　自治体や職員の方も被災されており、配車や管理までを依頼するのは負担が大きい。全体マネジメント機能のある統率的で適切な支援、配車の仕組みと技術サポートが必要。痒い所に手が届く、タイムリーな支援を心掛けるべき。例えば、給湯器への給電により入浴が可能になり、ドライヤーが久しぶりに使えた時には感嘆の声が聞かれた。調理器具や洗濯機、掃除機など一通りの家電や建物の修復用工具にも給電のニーズがあった。また、技術者が給電時間中に家の掃除を手伝ったところ、疲れ切っていた被災者から感謝された。

②地域の情報ネットワークが必須

　地域の有力者の協力を得て、給電ニーズの情報が集約できた。いざ現地に赴いてもどこで誰がどのように困っているかの情報を得ることは容易ではない。地域の情報ネットワークが必須であり、連携して頂くとスムーズに活動できる。

③PHEVが重宝された

　エネルギー密度の高い液体燃料を活用できるHEVとPHEVが、より長時間活動できた。給電するためのエネルギーを被災地域外から運ぶというミッションのため、自走による燃料消費が少なく、エネルギー補充の頻度が少な

いことが重要。燃費が良く航続距離の長いパワートレーン（車の動力源）が有用であることが実証された。

　PHEVは満充電した車載電池の電力を走行に使用せず運ぶこともできるが、走行時にチャージモードで充電し、夜間の給電に備えることもできる。電池からの給電は静かなため、大変重宝された。簡易発電機などの騒音による精神的な疲労も問題であったからだ。日中の給電は排気に気を付ければHEVでも問題はない。被災地では人や物を移動する仕事も発生するため、キャブワゴンなど大型のHEVは給電以外でも活躍した。

④リアルタイムでのインフラの確認が必要

　どのパワートレーンであれ、充電スタンド、ガソリンスタンド、水素スタンドなどの場所と安全性の確認をすれば給電活動はできる。ただ、燃料供給には電気が必要で、被災地ではエネルギーはあっても供給インフラの稼働停止が想定される。電気もガソリンも水素も最寄りの稼働インフラを確認し、給電先との往復距離を計算、走行に使用するエネルギーを差し引いて余った分で給電活動をすることになる。災害は時期も規模も予測できず、復旧予測も容易でないため、都度、有効なインフラを確認する必要がある。

⑤車両の改善ポイント

　「ウェブサイトの給電マニュアルが直感的に把握しづらい」「給電機能のオプション設定を標準装備にした方がいい」「コンセントの位置は使いやすい所に変更した方がいい」「給電時のケーブル取り回しルートを改善できないか」など給電活動の合間に多くの声を頂いた。

気付きを踏まえた取り組み

　問題解決は早い方がいい。給電活動と同時進行でウェブサイトの給電マニュアルを改定。給電機能を備えた車種は20車種以上あったが、オプション設定の車種が多かったため、一部車種では仕様を変更し標準装備とした。ケーブル取り回しも次の開発で改善した。

写真5-4-2 EVが並ぶ大里綜合管理の駐車場

被災地のその後…

2024年9月5日、久しぶりに大網白里市を訪れた。

被災地の情報提供、宿泊施設の提供などでお世話になった大里綜合管理は、2019年の被害後にソーラーパネルや電動車をさらに導入し、平時からエネルギーを購入する必要はほぼ無くなったとのことであった。一般戸建てのオフグリッドモデルルームもご紹介いただいた。

最後に

2024年元日の能登半島地震では、太陽光発電所でソーラーパネルの破損や系統へ送電できないことによる稼働停止が発生した。ソーラーパネルがBCP（事業継続計画）に活用できないのはもったいない。安全性が確保されているものに関しては、移動できる電動車に直接給電できないだろうか。災害に強いエネルギーマネジメントシステムを構築し、様々なエネルギーと車両をつなげることが可能になるといい。

今後はこれらの経験や知見を生かしながら、電動車の進化、例えば車載ソーラーパネルの性能向上などについても検討し、各地域特性やお客さまニーズに寄り添う車両の開発を進めていきたい。

第 **6** 章

より良い未来のために

6-1 「EV×グリッド革命」が実現する未来

大阪大学大学院工学研究科ビジネスエンジニアリング専攻 招聘教授

西村 陽

■ EV×グリッド革命の残された課題と取り組み

本書のまとめとして、「EV×グリッド革命」に関わる 2024 年時点の様々な動きとそこから見える将来像、そのために必要なものについていくつか触れてみたい。

まず EV 車両自体については、2024 年足元の日本国内 EV の販売シェアは減少気味である。2024 年 6 月では日本国内の軽自動車を含む乗用車全体の販売台数 31 万 1,904 台のうち、EV は前年の 2.4% から 1.6% に減少した。自動車メーカー（OEM）別ではトヨタ自動車と日産自動車が前年の半分以下に、三菱自動車は前年の約 3 割まで減少した一方で、輸入車は 18.4% 増加した。これは世界的に 2023 年が「EV の販売加速にブレーキがかかった年」と呼ばれた海外の状況ともシンクロしている。

しかしながら一方で、新車 EV 開発の動きは自動車メーカーの連携や商用 EV 開発という 2 つの面で活発になってきている。SUBARU（スバル）とトヨタの相互 OEM（相手先ブランドによる生産）供給、日産・三菱の軽商用バン「クリッパー」などが代表的だ。当面は販売台数が見込めず大きな初期投資が必要になる EV 生産への対応として、あるいは、EV 転換したいが適当な車種が国産ではなかなか選べないという業務用需要に対応する手法と言える。特に後者については、現状で多くの法人顧客から EV 転換の相談を受けているのが自動車メーカーよりむしろエネルギー企業（例えば本書に実情をリポートしている電気事業者）や充電サービス会社であり、それらのニーズと自動車メーカー各社の情報流通や協働が進むことが次のステップになると考えられる。目下活況の業務用・産業用モビリティの EV 転換はもちろん、本書

で触れた都市内の脱炭素や運転手不足に代表される都市・郡部地域のモビリティに関する課題解決のための EV 導入を図るには、まだまだそれにふさわしい価格と性能の軽トラック・バン、あるいはバスタイプの EV のラインナップが不足しており、乗用車タイプ以上に需要拡大が早いこの分野に注目が集まる。

　加えて乗用車分野では、しばらく停滞していた次世代自動車への異分野からの挑戦として、2024 年 9 月にシャープが参入の方針を発表し、話題を集めた。米テスラ社が圧倒的に先行していた車の IoT 化や、AI（人工知能）を活用した生活空間における新たな価値の創造等、どのように展開していくのか注目したい。

　次に、**分散型エネルギーリソース（DER）**［➡ p154］としての EV を活用するためのグリッド側（送配電事業者）の準備と EV との連携については、欧州・米国に比べて遅れ気味ではあるものの着実に歩みを進めている。本書で紹介した送配電ネットワークでの EV 活用にかかわる「NEDO FLEX DER」プロジェクト［第 3 章—4 参照］は 2024 年度が最終年度であり、EV をどう活用して再生可能エネルギー（再エネ）大量導入下の電力ネットワークの安定化に貢献させるのか、2030 年代を目指した枠組み・構想を仕上げつつある。並行して、欧州では「OCPP」、米国では「NACS」のような形で標準化している EV の最適充電や電力グリッドで活用するための信号のやり取りについては、現在 OCPP 準拠の通信能力を新設急速充電器に義務付けながら、その日本型のあり方について自動車メーカー各社、**一般送配電事業者**［➡ p150］等が参加する形でスマートレジリエンスネットワーク（SRN）の設置した検討会での作業が進んでおり、2025 年の早い時期には一定のルール化のめどがつけられるよう関係者の模索が続いている。

　さらに都市・情報・EV の連携や地域脱炭素推進、EV の非常時価値（レジリエンスへの貢献）については、日本各地にある**脱炭素先行地域**［➡ p148］の中から宮城県仙台市・鹿児島県日置市・愛知県岡崎市等が関係企業と連携しながら地域の特性に合わせた取り組みを進めている。再エネ活用以外について汎用性のある、ビジネス的に展開可能なモデルが出てきているわけではな

いが、そうした自治体・企業・市民の様々な取り組みの中から順に次世代に
適用可能な要素は出てくるので、次はそれらの組み合わせが鍵を握る。

■ユーザーとの協働をどう進めるか

　こうして考えた時、わが国の EV 普及、電力グリッドとの相互進化が果た
せるかどうかを決めるのは、自動車メーカーや電力グリッド側といったプレー
ヤー以上に、EV を買い、使うユーザー（個人、企業、公的機関を問わず）
であるということができる。EV の購入拡大は多分にマーケティング的な領
分の問題であり、補助策と充電インフラの充実だけで、先行的に売れている
国並みに進むわけではない。日本には、政治的あるいは地域政策上変更しが
たい軽自動車への優遇措置や、政局絡みでたびたび話題になるガソリン関連
の税負担軽減等、EV 普及を妨害する政策が定常的に取られている。現在の
EV 購入補助政策は、これらの"妨害政策"の効果を少し減殺する程度の力
しかない。より本質的な問題は、日本ならではの EV の商品力を、日本の顧
客をよく知った自動車メーカー、あるいは関連サービスを手がける企業がど
う創造し、ユーザーを巻き込んでいくかだと考えられる。

　その点で、まだ日本では EV 購入者について自動車メーカー横断のコミュ
ニティやクラブ的サービスが弱い。また、電力市場・価格が託送料金制度を
含めて硬直的であることから、再エネ余剰時の電気が無料となるような欧州
型のサービスも生まれなくなっている。さらに、データ共有や都市の中のサ
ービスへのアクセスなど、利便性の面でも決して進んでいるとは言えない。
これらは、都市高速鉄道や基幹輸送でいう航空機や新幹線が輸送分野の集中
型システムであるのに対して、自動車が 1920 年代の誕生以来一貫して究極
の分散型システムであり、当初のフォードと GM（シボレー）の対決以降一
貫して自動車メーカー内の閉じた商品魅力開発競争を軸にしてきたことに原
因があるように思う。

　本書で明らかにしたように、EV グリッド連携やそこでの新しいユーザー
サービスは、ルール共有化や企業・業界を超えた協働、価値創出を必要とす
る。筆者自身、かつて業界が非常に固定的だった送配電事業者・自動車メー

カーの両方と話をする機会が多いが、そうした過去からの慣習・考え方も少しずつ変わってきているように感じており、その変わり方、ユーザーを巻き込む連携こそが「EV×グリッド革命」の本質ではないかという感触を持っている。

▌より良い未来、人、都市、地域のために

明治時代、初めての市内電車が登場した時、東京遷都で疲弊していた京都市民は物珍しく積極的に乗って楽しんだ一方、先に馬車鉄道が普及していた東京市では「電気は気持ちが悪い、馬車の方が安心だ」「私は死ぬまで電車には乗らん」という市民が結構いたという記録が残っている。実際に馬車鉄道が立ち行かなくなったのは糞害のような近代都市と合わなくなった事情が大きいが、筆者は「EVは日本では不要なものだ、みんなガソリン車（非電動車）が好きなんだから」という意見を聞くたびに、この東京市民のことを思い起こしてしまう。つまり、人間の好みや感覚が変わるのには時間がかかるし、技術やサービス、仕組みに関わるもの、ユーザーに説明するもの（要はこの本の著者）はそのことを知り、人々の生活・都市・地域の未来を創る者でなくてはならないのだ。

東京市電は関東大震災後の地下鉄銀座線開業の先駆けとなり、東京メトロネットワークを形成する元となった。また、その中心である藤岡市助が戦前構想・申請していた東京・大阪間の長距離高速電車は、敗戦後の高度成長期に新幹線として整備され、日本の屋台骨となった。現在EVと電力グリッドの間で進んでいる未来のための準備とは、まさにこのような種類の仕事ではないだろうか。

基礎用語

カーボンニュートラル、脱炭素

カーボンニュートラル

　カーボンニュートラルは、人為的な温室効果ガス（GHG）の排出量と吸収量（森林管理、植林等）を均衡させ、排出量を実質ゼロ（ネットゼロ）にすること。日本は2050年のカーボンニュートラル実現を宣言している。GHGはCO_2（二酸化炭素）、CH_4（メタン）など数種類あるが、CO_2の排出量が圧倒的に多い。そのため、GHG排出削減の目標や対策は主にCO_2を対象としている。また、CO_2の排出量よりも吸収量の方が多い状態は「カーボンネガティブ」と呼ばれる。

脱炭素先行地域

　2050年カーボンニュートラルの実現に向けて、2030年度までに電力消費に伴うCO_2排出を実質ゼロにするモデル地域のこと。環境省が選定する。脱炭素の取り組みは地域成長戦略の一つにも位置付けられ、新たなビジネスや雇用の創出、イノベーション促進、地域課題解決といった効果も期待される。選定数は2024年9月27日時点で38道府県108市町村の合計82提案。

GX（グリーントランスフォーメーション）

　化石燃料への依存から脱却し、クリーンなエネルギー中心の社会・産業構造に転換すること。気候変動問題の深刻化、エネルギー安全保障の観点からGXの重要性は高く、これに取り組むこと自体が産業創出、経済成長につながると位置付けられている。2023年5月に「GX推進法[※1]」「GX脱炭素電源法[※2]」が成立。官民連携の下、10年間で150兆円規模の投資が行われる見通しだ。具体的な施策は、省エネ徹底、脱炭素電源の拡大、CO_2削減・吸収技術の開発、CO_2排出量に値段をつけて削減を促すカーボンプライシングなどがある。

※1　GX推進法＝脱炭素成長型経済構造への円滑な移行の推進に関する法律
※2　GX脱炭素電源法＝脱炭素社会の実現に向けた電気供給体制の確立を図るための電気事業法等の一部を改正する法律

電力システム改革

電力システム改革（第3章—2参照）

　日本の電気事業は戦後、民営の電力会社9社が各地域で発電・送配電・小売を一手に担う発送配電一貫体制となった（9電力体制。その後、沖縄返還により10電力体制）。国民生活・産業に不可欠な電気の安定供給を確保する目的があった。電力会社（一般電気事業者）は事業の地域独占が認められる代わりに供給責任を負った。1990年代に入ると、世界的な規制緩和の流れの中、海外と比べて割高とされた電気料金の是正を目指す機運が高まり、電気事業の制度改革、いわゆる電力自由化が始まった。1995年の発電市場開放を皮切りに、2000年以降の小売市場の段階的な開放、卸電力市場の創設など、徐々に進展した。

　だが2011年3月、東日本大震災に伴う大規模停電・計画停電、福島

旧一般電気事業者の事業地域

電気事業のプレーヤー

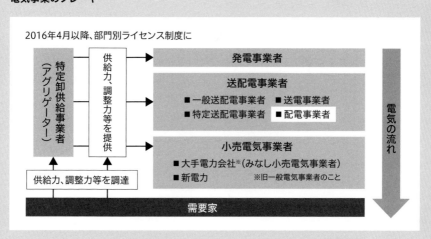

原子力事故が発生。これを受けて電力自由化は、既存の規制を緩和するにとどまらず電気事業の枠組みを大きく見直す電力システム改革として再スタートを切った。電力システム改革は、電力広域的運営推進機関の設立（2015年）、小売全面自由化、部門別ライセンス制度導入（2016年）、送配電部門の法的分離（2020年）により完了。並行して各電力市場の整備、再生可能エネルギー導入促進策が実行された。

一般送配電事業者

2016年に導入された電気事業のライセンス制度は、発電・送配電・小売の各部門に分かれている。発送配電一貫体制時代の電力会社（一般電気事業者）に属していた送配電部門が、この制度に基づいてライセンスを取得したのが一般送配電事業者。各地域（一般電気事業者時代と同じ）で電力グリッドを運営・管理し、周波数制御や需給バランスの調整を担う。調整力は需給調整市場を通じて調達する。

レベニューキャップ制度の概要

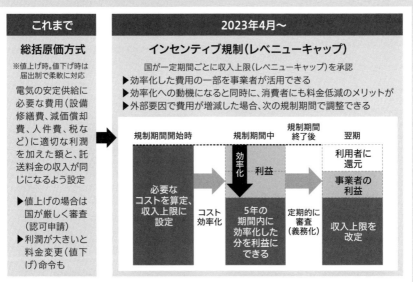

出所：総合資源エネルギー調査会 基本政策分科会 持続可能な電力システム構築小委員会資料などを基に作成

レベニューキャップ制度

　一般送配電事業者が5年間の事業計画を策定し、計画実施に必要な費用を収入上限（レベニューキャップ）として国が承認する制度。削減費用の一部を事業者の収益にするなどして料金低減を促すインセンティブ規制の一種だ。また、削減費用の一部は電力グリッド使用料（託送料金）に反映され、結果して消費者にも還元される。事業計画は、安定供給、再生可能エネルギー導入拡大、サービスレベル向上といった7つの目標分野に沿って策定される。

再生可能エネルギー（再エネ）

FIT（固定価格買取制度）・FIP（フィード・イン・プレミアム）

　FITは、再エネの電気を決められた価格・期間で買い取ることを一般送配電事業者に義務付ける制度。価格・期間は電源の種類や規模ごとに設定する。買取費用は「賦課金」として電気料金に一律上乗せされ、国民全体が負担する仕組みだ。2012年7月の導入後、再エネは太陽光発電を中心に急増し、電源構成に占める割合は2011年度の10.4%（1,131億kWh）から2022年度には21.7%（2,188億kWh）へと倍増したが、賦課金も増大した（2021年度は約2兆7,000億円）。

　こうした状況を踏まえ、費用を抑制しつつ再エネの「自立化」を促す観点から、大規模な事業用太陽光発電、風力発電については2022年度からFIPに移行した。FIP対象電源の電気は卸市場で売ることになり、売れた量に一定のプレミアム（補助金）が上乗せされる。固定価格ではなく、市場価格と連動させることで買取費用の総額を抑える。発電事業者は市場動向を見ながら売電することで、より多くの収入を得られる可能性がある。また、供給する電気の計画値と実績値を一致させる「計画値同時同量制度」が適用される。

　FITの買取期間を終えた電源は「卒FIT電源」と呼ばれ、FIP電源とともに「エネルギー・リソース・アグリゲーション・ビジネス（ERAB）」やCO_2フリー電力の販売などで活用されている。

FITとFIPの違い

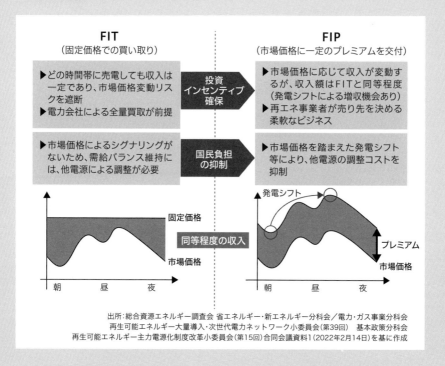

出所：総合資源エネルギー調査会 省エネルギー・新エネルギー分科会／電力・ガス事業分科会 再生可能エネルギー大量導入・次世代電力ネットワーク小委員会（第39回） 基本政策分科会 再生可能エネルギー主力電源化制度改革小委員会（第15回）合同会議資料1（2022年2月14日）を基に作成

再エネ出力抑制・制御

　太陽光・風力といった再エネは需要動向と関係なく発電量が増減するため、導入が進むほど同時同量を維持する上で大きな課題となる。現在、発電量が需要量を上回る場合は国のルールに従い、①火力の出力制御・揚水の活用②他地域への送電③バイオマスの出力制御④太陽光・風力の出力制御⑤長期固定電源（水力、原子力、地熱）の出力制御――という順に対応する。太陽光・風力の出力制御に関しては、2024年9月までに全国9エリア（東京以外）が実施済みで、回数は増え続けている。

再エネバランシング

　需要変動と関係なく出力変動する再エネの電気を分散型エネルギーリソース（DER）で吸収・調整し、インバランス（計画値と実績値のズレ）を生じさせ

ないようにすること。アグリゲーターが手掛け、再エネ発電事業者向けの代行サービスも行われている。再エネが弱点を克服して主力電源化を果たすために、より簡単・低コストで、効果的な手法が求められる。

電力需給

W（ワット）、Wh（ワット時、ワットアワー）

　W は電力の大きさを表す単位、Wh は電力量を表す単位。水で例えると、W は蛇口から流れ出る水の量、Wh は流れ出た水の総量に当たる。1kW の電力を 5 時間使っても、5kW の電力を 1 時間使っても、同じ 5kWh となる。kWh はバッテリーの容量（電気を貯められる量）を表す単位でも用いられる。一般的な家庭用の蓄電池は容量が 5 〜 15kWh 程度。これに対して BEV はおおむね 40 〜 60kWh の比較的大きなものを搭載している。

同時同量、計画値同時同量制度

　電気の品質を維持しながら安定的に供給するには、グリッドの中で需要と供給の量を常に一致させる必要がある。これを同時同量と呼ぶ。同時同量を維持できないと周波数（東日本 50Hz、西日本 60Hz）が乱れ、最悪の場合、大規模な停電に至るおそれがある。日々の需給調整は各エリアの一般送配電事業者が担う。需要は元々変動するものだが、近年は供給側でも出力が不安定な太陽光・風力の発電量が増えてきたことから、より高度な需給調整が必要となっている。

　小売全面自由化が始まった 2016 年度には計画値同時同量制度が導入された。小売事業者は需要調達計画を、発電事業者は発電販売計画を、前日正午までに作成して電力広域的運営推進機関に提出する（実需給の 1 時間前まで変更可能）。計画は 30 分単位で、インバランス（計画値と実績値のズレ）が生じた場合は一般送配電事業者が需給調整を行う。そのコストは、インバランスを発生させた事業者と一般送配電事業者の間で事後精算する。

分散型エネルギーリソース（DER＝Distributed Energy Resources）

　従来型の電力システムは大規模集中型の電源（火力、水力、原子力）が供給力の中心だった。DERはそれ以外でグリッドに接続している分散型の電源（太陽光、風力等）や系統用蓄電池、需要側の小規模な電源（太陽光、燃料電池等）、蓄電池、EV、給湯・空調等で電気を使う機器全般を指す。需要側のDERは「需要家側エネルギーリソース（DSR＝Demand Side Resources）」と呼ばれる。DERはDR（デマンドレスポンス）、VPP（仮想発電所）に使われるなど、需給調整の高度化や新たな電力ビジネスを生み出す上で重要な存在となっている。

DR（デマンドレスポンス＝Demand Response）、上げDR・下げDR

　同時同量を満たすため、需要側の分散型エネルギーリソース（DER）を制御して需要を調整すること。需要を減らす「下げDR」（需要抑制）、需要を増やす「上げDR」（需要創出）がある。また、ピーク時間帯の電気料金を高くするなどしてDRを促す「電気料金型」、家庭・企業が電気事業者等との契約に基づいてDRを行い、対価を得る「インセンティブ型」の２つに区分される。インセンティブ型における下げDRは「ネガワット取引」と呼ばれる。DRはアグリゲーターが手掛ける。

上げDR・下げDRのイメージ

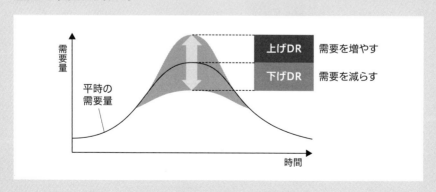

DR ready(DRレディー)

　DR(デマンドレスポンス)を行うための通信接続、外部制御機能、通信やデータのセキュリティといった環境が整っている状態を指す。経済産業省は中小企業・家庭の電気機器をDRに用いることを想定し、DR readyの要件に関わる議論を進めている。要件設定に当たっては、機器本来の用途とDRを両立させること、世界市場で通用する規格・要件を策定すること、などの課題がある。対象機器はヒートポンプ給湯機をはじめ、家庭用蓄電池、EVなどが想定されている。

VPP(仮想発電所＝Virtual Power Plant)(図表3-1-4参照)

　複数の分散型エネルギーリソース(DER)を統合制御し、発電所と同じような機能を提供する手法。DR(デマンドレスポンス)と異なり、VPPはDERから電気をグリッドに流し込む(逆潮流)ことも行う。VPPを行うメリットとしては、再エネの有効活用、レジリエンス(強靱性)向上、電力コストの最適化

エネルギー・リソース・アグリゲーション・ビジネス(ERAB)の概要

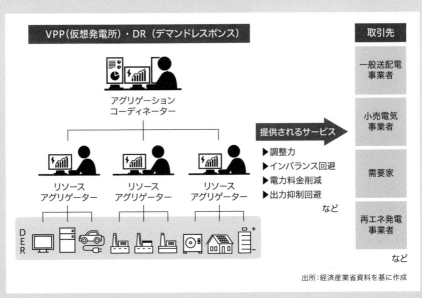

出所:経済産業省資料を基に作成

などが考えられる。

アグリゲーター（特定卸供給事業者）

　複数の分散型エネルギーリソース（DER）を集約してDR（デマンドレスポンス）やVPP（仮想発電所）を手掛ける事業者のこと。電気事業法上の名称は「特定卸供給事業者」。需要家（家庭・企業等）と契約してDERを制御する「リソースアグリゲーター」、リソースアグリゲーターから調達した電力・調整力等を電気事業者、需要家に提供する「アグリゲーションコーディネーター」がいる。DR、VPPを用いたエネルギーサービスは「エネルギー・リソース・アグリゲーション・ビジネス（ERAB）」と呼ばれ、供給力・調整力提供のほか、電気料金削減、再エネ出力抑制の回避といったサービスが展開されている。

ピークカット、ピークシフト

　電力需要は時々刻々変化している。最も大きくなるピーク時間帯の需要を単純に減らすのがピークカットで、需要が小さい時間帯に移行するのがピークシフト。同時同量を維持する上で、需要の変動幅は小さい方が電力設備を効率的に形成・運用できる。夏季は昼過ぎにピーク時間帯を迎えるため、従来はその需要を夜間に移す取り組み（負荷平準化）がなされていた（例：夜間に電気を熱に変えて蓄え、昼間の空調・給湯に使う）。しかし、近年は太陽光発電の普及に伴い、晴天時のピーク時間帯でも電気が余る状況が生まれている。再エネの太陽光発電を有効活用する観点から、電気が余る時間帯に需要を創出する取り組みが進められている。DR ready（DRレディー）はその一環。

需給調整市場

　電力の安定供給や品質確保に必要な調整力を、一般送配電事業者が効率的に調達できるようにする目的でつくられた市場。発電事業者、アグリゲーターが売り手として、各種電源やDR（デマンドレスポンス）、蓄電池といった調整力を提供する。調整力は、調整の速さ・持続時間などに応じて5つの区分がある。
　なお現在、電気が持つ価値は次の4つに分けられ、それぞれ取引市場が創設されている。

- kWh（電力量）価値　＝実際に発電された電気
- ⊿kW（調整力）価値　＝短時間で需給調整できる能力
- kW（容量）価値　　＝発電することができる能力
- 非化石価値　　　　＝化石燃料を使わずに発電した環境価値

慣性と同期化力

　火力・水力・原子力等の従来型発電機は、発電機の軸を回転させて交流の電気を生み出す（回転速度＝周波数）。電力グリッドにつながっているこれらの発電機は同じ速さで回ろうとする性質（同期化力）があり、同期発電機と呼ばれる。また、回転している軸は回転を続けようとする性質（慣性）を持つため、軸の加速・減速は緩やかとなる。慣性と同期化力はグリッドの安定度を維持する上で重要な役割を果たしている。

　一方、太陽光・風力等の再エネ電源は直流で発電し、交流グリッドにはPCS（パワーコンディショナー）を介して接続する。慣性と同期化力を持たないため、そのまま導入量を増やすとグリッドの安定度が下がると懸念される。再エネ主力電源化に向けた大きな課題の一つで、対策として「疑似慣性PCS」の開発などが進められている。

執筆者

はじめに

下田吉之 …………………… 大阪大学大学院工学研究科 教授

第1章

1-1　太田豊…………大阪大学大学院工学研究科環境エネルギー工学専攻 招聘研究員

1-2　西村陽…………大阪大学大学院工学研究科ビジネスエンジニアリング専攻 招聘教授

1-3　内山真男………関西電力株式会社イノベーション推進本部
　　　　　　　　　　次世代エネルギービジネス推進グループマネジャー

第2章

2-1　太田豊…………大阪大学大学院工学研究科環境エネルギー工学専攻 招聘研究員

2-2　志村雄一郎…PwC コンサルティング合同会社 ディレクター

2-3　鶴田義範………株式会社ダイヘン 技術開発本部インバータ技術開発部長
　　　　　　　　　　EV ワイヤレス給電協議会（WEV）事務局長

2-4　田口雄一郎…関西電力株式会社ソリューション本部 開発部門
　　　　　　　　　　e モビリティ事業グループ 部長

コラム　岡本浩…………東京電力パワーグリッド株式会社副社長
　　　　　　　　　　スマートレジリエンスネットワーク（SRN）代表幹事

第3章

3-1　芳澤信哉………大阪大学大学院工学研究科環境エネルギー工学専攻 准教授

3-2　西村陽…………大阪大学大学院工学研究科ビジネスエンジニアリング専攻 招聘教授

3-3　竹田圭一………関西電力送配電株式会社 フロンティアラボ所長

3-4　石井英雄………早稲田大学研究院教授・スマート社会技術融合研究機構事務局長
　　　　　　　　　　NEDO FLEX DER プロジェクトリーダー

コラム　高岡俊文………トヨタ自動車株式会社 電動先行統括部 チーフプロフェッショナルエンジニア

第4章

4-1　太田豊…………大阪大学大学院工学研究科環境エネルギー工学専攻 招聘研究員

4-2　坂井勝哉………大阪大学大学院工学研究科モビリティシステム共同研究講座 特任講師

| 4-3 | 室龍二 | 関西電力株式会社ソリューション本部 営業部門 コミュニティ事業第一グループ 課長 |
| 4-4 | 鈴木健太 | 日産自動車株式会社 総合研究所 EV システム研究所 主任研究員 |

第 5 章

5-1	西村陽	大阪大学大学院工学研究科ビジネスエンジニアリング専攻 招聘教授
5-2	今田博己	東京電力ホールディングス株式会社 経営技術戦略研究所 事業開発推進室長 スマートレジリエンスネットワーク（SRN）運営事務局長
5-3	高橋雄一郎	日産自動車株式会社 日本事業広報渉外部 部長
	石田則子	日産自動車株式会社 日本事業広報渉外部 課長
コラム	小澤環	トヨタ自動車株式会社パワートレーンシステム計画部 主幹
	山中千花	一般財団法人トヨタモビリティ基金 主査
	柴田保司	トヨタ自動車株式会社パワートレーンシステム計画部 主査
	上原隆史	トヨタ自動車株式会社パワートレーンカンパニー プレジデント

第 6 章

| 6-1 | 西村陽 | 大阪大学大学院工学研究科ビジネスエンジニアリング専攻 招聘教授 |

【編著者紹介】

「EV×グリッド革命」編集委員会

「EV×グリッド革命」編集委員会は、大阪大学モビリティシステム共同研究講座のメンバーである西村陽氏、太田豊氏を中心としたプロジェクトチーム。大手電力会社、自動車メーカー(OEM)、EVおよび電力グリッドを専門とする有識者など計22人が参加し、それぞれの視点で執筆した。

EV×グリッド革命

2024年12月19日　　初版第1刷発行

編著者	「EV×グリッド革命」編集委員会
発行者	間庭 正弘
発行所	一般社団法人日本電気協会新聞部
	〒100-0006　東京都千代田区有楽町1-7-1
	[TEL] 03-3211-1555　[FAX] 03-3212-6155
	https://www.denkishimbun.com
印刷・製本	株式会社 太平印刷社
ブックデザイン	志岐デザイン事務所

©"EV x Grid Revolution" Editorial Committee
2024 Printed in Japan
ISBN 978-4-910909-19-6 C3034

乱丁、落丁本はお取り替えいたします。
本書の一部または全部の複写・複製・磁気媒体・光ディスクへの入力を禁じます。
これらの承諾については小社までご照会ください。
定価はカバーに表示してあります。